LE CRI
DE
L'AGRICULTURE,

Par M. * * *.

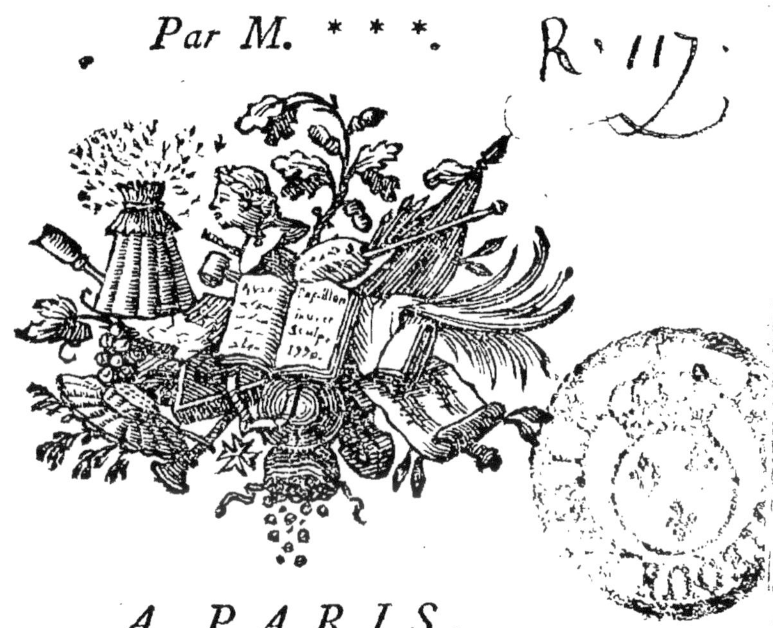

A PARIS,

Chez RUAULT, Libraire, rue de la Harpe, près la rue Serpente.

M. DCC. LXXV.

AVEC APPROBATION ET PRIVILEGE DU ROI.

ERRATA.

PAGE 19, *ligne* 2, que, *lisez* soit.

Page 34, *ligne* 23, *mettez un point après* irrésistible, *& ôtez celui qui est après* ambition.

Page 43, *ligne* 23, *après* mauvaises, *mettez un point & une virgule*, *& après* administration, *une simple virgule.*

Page 53, *ligne* 1, *après* tout, *ajoutez* son.

Page 89, *ligne* 6, des sols, *lisez* soles.

On n'a corrigé que les fautes qui pouvoient altérer le sens.

LE CRI
DE
L'AGRICULTURE.

Hîc illum vidi juvenem, Meliboæ, quotannis.
. . . .
Hîc mihi responsum primus dedit ille petenti.
Pascite, ut ante boves, pueri : submittite lauros.
VIRG. Eccl. primâ.

LA partie du Public qui a à cœur le bien de l'Etat & qui s'en occupe, desire en vain, depuis long-temps, qu'il soit trouvé une regle pour connoître les revenus des terres du Royaume, à l'effet de mettre l'impôt en proportion avec ces revenus.

Un cadastre général a long-temps

paru propre à remplir cet objet; mais la grande dépense & les longueurs inséparables d'un tel travail l'ont fait abandonner, & l'on n'a pu trouver à le remplacer sans inconvénient.

Tout faisant présumer le mauvais état de notre Agriculture par le défaut de proportion de l'impôt avec le revenu des terres, on imagina que des déclarations des propriétaires fonciers pouvoient servir à l'établir; mais ces déclarations fournies en vertu de l'Arrêt qui les ordonnoit, n'aboutirent à rien. Que ces déclarations aient paru suspectes par la grandeur des maux qu'elles énonçoient, ou que l'administration n'ait rien pu statuer d'après des notions trop vagues & trop peu exactes, n'importe : il suffit d'observer qu'au lieu des remises & autres secours que les mesures prises annonçoient, de nouveaux impôts ont été ajoutés aux anciens.

Les raisons qui motivoient, il y a dix ans, la vérification des terres, la rendent aujourd'hui plus nécefſaire, à cauſe du progrès de leur décadence depuis cette époque.

L'objet de ce Mémoire eſt d'indiquer les terres du Royaume qui ſont dans le cas de cette vérification, & de donner une regle pour la faire.

Cette regle eſt bonne & digne d'être adoptée ſi, par une opération prompte, ſimple & peu diſpendieuſe, elle donne le vrai revenu des terres auxquelles elle ſera appliquée.

Les vues que cet écrit renferme ſont le réſultat des obſervations d'un citoyen qui a long-temps réſidé en Province, & beaucoup voyagé dans le Royaume, circonſtance qui doit être de quelque poids; car la ſcience économique n'eſt pas ſédentaire: ſes élémens ſont dans les Provinces & dans toutes les Provinces; c'eſt là qu'il faut les aller ſaiſir. C'eſt en viſitant les campagnes & leurs habitans que l'on voit le degré d'influence des loix économiques & burſales ſur le bonheur des uns & la fertilité des autres. On connoît alors par les faits la situation de l'harmonie économique. Lorsque cette harmonie est dérangée, le choix des moyens les plus prompts & les mieux appropriés à son rétablissement, font le caractere d'une administration sage & éclairée. Les Provinces sont donc le livre des Rois & des Ministres.

La tranquillité de l'Etat ne doit pas faire prendre le change sur sa cause : c'est le repos d'un corps épuisé. Des projets dorés, des systêmes riches, des opérations tranchantes de finance ne lui rendront pas ses forces. C'est à connoître les maux dont il est attaqué dans ses membres que l'administration doit mettre son étude, à l'effet de mesurer les secours aux besoins. Ces rêves économiques peuvent faire illusion au Peuple qui souffre & qui desire, mais ils n'en imposent point au Sage qui sçait que tout n'est pas la Capitale, que tout n'est point les petites Provinces qui l'entourent.

Cet écrit ne promet pas un plus grand revenu public; au contraire, il indique des malheurs à réparer, aux dépens & par la diminution de ce revenu. A ce prix il garantit l'abondance, sans laquelle de grandes richesses pécuniaires ne sont rien pour la force & le bonheur des Etats. La situation des choses ne comporte pas d'autres projets, ni n'admet de plus grandes espérances.

On a promis de faire connoître les terres du Royaume, qui doivent concentrer l'attention du Ministere. Ces terres seront suffisamment indiquées, lorsqu'elles auront été divisées par les trois classes de leurs propriétaires. Cette division déterminera les différens rapports qu'elles admettent entr'elles du côté de leur bonté absolue & relative.

Les terres du Clergé composent la premiere classe des terres de l'Etat ; celles de la noblesse la seconde ; la troisieme résulte des terres du Peuple, appellées roturieres.

Envisagées sous ces trois points de vue différens, les terres de l'Etat présentent des différences tranchantes du côté de leur bonté absolue & relative.

La bonté absolue des terres n'est autre chose que le degré d'aptitude qu'elles ont pour la végétation.

La bonté relative des terres est cette même aptitude plus ou moins développée par le secours de la culture. Ainsi de deux terres d'une bonté absolue égale, celle qui sera mieux cultivée l'emportera sur l'autre en bonté relative.

Des circonstances locales peuvent faire varier la bonté relative des terres ; mais en général cette bonté ne peut résulter que des moyens qui fondent la culture la plus utile aux besoins du corps politique.

Car, comme ce sont ces besoins & non l'opinion qui, suivant le vœu social, doivent régler le prix des produits des terres, leur emploi doit être donc dirigé à la culture de ces produits, qui, l'ordre des besoins gardé, sont les plus nécessaires à la vie : il suit donc que les terres qui donnent ces produits dans la plus grande abondance, ont auſſi la plus grande valeur relative.

Pour peu que l'on ait voyagé dans l'intérieur du Royaume, on doit avoir remarqué que les terres du Clergé & de la Nobleſſe ſont les meilleures & les plus productives de l'Etat, & qu'elles l'emportent beaucoup ſur celles de la troiſieme claſſe en bonté abſolue & relative.

Cette différence vient de ce que le Clergé & la Nobleſſe, propriétaires dans l'origine de preſque tout le ſol de l'Etat, conſerverent les bonnes terres, & ne mirent dans les mains de leurs vaſſaux que les médiocres, & auſſi de la dégradation que les terres baillées ſubirent en paſſant au Peuple; & en effet, avant la tradition ces terres étoient, ſuivant les privileges des grands propriétaires, affranchies de la dîme, des droits d'acenſement & de la taille; & par l'effet de la tradition, elles furent aſſujetties à toutes ces charges.

Une troiſieme cauſe de la dégradation des terres de la troiſieme claſſe, vient de ce que, ſans égard aux charges préexiſtantes dont elles avoient été grevées par les baux primitifs, elles ont ſubi ſeules l'impôt & preſque tous les accroiſſemens arrivés à l'impôt.

Si ces terres, pour la plupart, ne ſont pas abandonnées, c'eſt un miracle de ce que peut l'attrait des lieux qui nous ont vu naître. Sans cet attrait, & peut-être auſſi ſans les meſures priſes pour arrêter le cours des émigrations, ces terres ſeroient ſans colons & ſans propriétaires. Mais ces meſures ne ſont qu'un crime de plus, puiſque ces terres ſont nulles pour la ſubſiſtance nationale, qui n'a gueres d'appui que celles de la premiere & ſeconde claſſe. Les propriétaires de la troiſieme abandonnent leurs poſſeſſions, & vont chercher au loin, dans une induſtrie pénible & ſouvent périlleuſe, les moyens de ſubſiſter & de payer l'impôt ; d'autres trouvent ces triſtes, mais inſuffiſantes, reſſources, dans le travail des laines, dans la mendicité. Il convient de mettre ſous les yeux du Lecteur, les différences que les terres de l'Etat admettent entr'elles par rapport à l'impôt.

Les terres du Clergé, exemptes de la dîme & de tous droits d'acensement quelconques, supportent des décimes.

Les terres de la Nobleſſe, ſoumiſes à la dîme & à des vingtiemes, ſont affranchies de la taille & de tous droits d'acenſement.

Les terres roturieres, ou de la troiſieme claſſe, ſont aſſujetties à la dîme, à des droits d'acenſement qui varient ſuivant les lieux, conſiſtant en cenſives en grains & en argent, en droits d'agrier ou champart, en tailles ſeigneuriales & autres preſtations réelles & perſonnelles. Ces terres ſupportent encore la taille royale, des vingtiemes, les quatre ſols pour livre du premier dixieme, ſans compter la capitation à laquelle leurs propriétaires ſont ſoumis.

Ce tableau indique ſuffiſamment les terres qui réclament les regards ſecourables de l'adminiſtration. Avant de propoſer la regle pour connoître distributivement leur vraie situation, je supplie qu'il me soit permis de faire quelques réflexions sur l'impôt général de la glebe.

Je dis que l'impôt général des terres doit être modéré & en proportion avec leur revenu connu : ces deux caracteres de l'impôt ont signalé la sagesse de Henri le Grand, & fait la gloire & le bonheur de son regne.

Un grand impôt des terres choque & contredit le but de l'Agriculture : les détails suivans convaincront de la vérité de cette assertion.

Le but de l'Agriculture est le renouvellement des produits des terres : ce renouvellement veut un grand nombre de dépenses & de moyens, de l'ensemble desquels dépend le succès de la reproduction.

Les moyens de l'Agriculture sont les mises des propriétaires fonciers en semences, en bestiaux de toute espece & en frais de culture. Les besoins physiques du propriétaire qui est supposé faire valoir son bien, non plus que ceux de sa femme & de ses enfans en santé comme en maladie, ne doivent point être omis dans l'énumération des mises. Ce propriétaire doit donner encore à sa famille une éducation assortie à son état : il doit établir ses filles; car ces dernieres dépenses sont de convenance : elles sont même nécessaires, puisqu'elles naissent des rapports essentiels de la vie civile & politique, qu'elles constituent l'harmonie des Etats, & qu'elles sont enfin la base de l'ordre social.

Après ces premieres dépenses viennent celles qui ont pour objet de réparer les maux que les accidens de l'air & l'inclémence des élémens font aux terres & aux produits des terres. Lorsque ces accidens arrivent, il faut que le propriétaire qui les a subis ait en réserve, non seulement de quoi remplacer les produits anéantis & supprimés, mais aussi qu'il fournisse aux grands travaux que ces ravages occasionnent. Ces moyens en réserve doivent faire face aux accidens senſibles comme à ceux que rien n'annonce, dont rien n'avertit; car les uns & les autres aſſiegent & tyranniſent également le grand œuvre de la reproduction des fruits. Ces moyens en réſerve doivent encore s'étendre aux déſaſtres qui dévorent les miſes de la cultivation; ſavoir, aux incendies, aux mortalités des beſtiaux, aux maladies épidémiques, qui font diſparoître de la ſurface de la terre les propriétaires & les colons. Il faut que ces fonds ſoient proportionnés à la durée & à la grandeur des haſards; il faut encore que les moyens en réſerve fourniſſent à l'impôt, qui, quoique modéré, eſt toujours grand lorſqu'il vient à la ſuite de la dîme & autres charges préexiſtantes ſur les terres, & toujours trop grand dans le cas de quelques-uns des événemens dont on vient de parler; il convient enfin que le propriétaire foncier prévoie les guerres qui, en provoquant un plus grand impôt, diminueront ſon revenu effectif.

Que l'on ne diſe pas que j'ai peint

d'idée & chargé le tableau; car parmi ces dépenses, dont on vient de faire l'énumération, les unes sont nécessaires, annuelles & de tous les jours, & les autres sont dans l'ordre des événemens possibles, & on supplie de bien retenir cette vérité. Toutes ces dépenses, par le privilege sacré de la propriété, doivent être prises sur les revenus des terres par préférence à la dîme, aux acensemens & à l'impôt; car s'il arrivoit au Clergé, à la Noblesse & au Prince de croiser ces dépenses, il est certain que ces trois Ordres de l'Etat auroient à s'imputer le désordre & la confusion qu'une telle lésion de la propriété mettroit dans l'état social. Or, étant impossible qu'un grand impôt de la glebe n'intervertisse l'ordre de ces dépenses, ou ne force à les supprimer, il suit qu'un grand impôt choque la nature des choses, & qu'il contredit le but de la cultivation.

Cette théorie de l'impôt, fondée sur des rapports nécessaires, fournit les maximes suivantes.

L'impôt général des terres de

l'Etat doit être modéré ; premiere maxime.

Cet impôt doit être en proportion avec le revenu des terres ; seconde maxime.

Mais, attendu que ce revenu varie en raiſon de la différente bonté des terres, de la différence des miſes, de la diverſité des beſoins phyſiques des propriétaires fonciers, & enfin, de la diſtribution inégale des charges, l'impôt doit être diſtributivement déterminé d'après ces différences, ſans pouvoir être jamais réglé à une cotte-part générale du revenu ; troiſieme maxime.

Lorſque l'impôt eſt une fois réglé, il ne doit être permis de l'augmenter que dans des cas extraordinaires & pour des beſoins indiſpenſables bien conſtatés, bien vérifiés ; quatrieme maxime.

Cinquieme & derniere maxime ; les accroiſſemens de l'impôt doivent ceſſer avec les circonſtances qui les avoient néceſſités.

L'adoption de ces maximes ne ſera qu'un retour aux anciennes regles.

L'Hiſtoire remarque, avec complaiſance, que M. de Sully diminua l'impôt des terres, d'abord après avoir pacifié le Royaume, nonobſtant les dettes que la guerre avoit fait contracter. Combien de gens ont regardé ce trait de ſageſſe comme une inconſéquence & comme une bévue économique! mais cette démarche de M. de Sully, n'étoit que l'effet d'un calcul exact ſur les maux néceſſaires d'un grand impôt de la glebe; d'ailleurs, en diminuant l'impôt dans ces circonſtances, ce grand homme ne fit que ſe conformer à une regle qu'il dût trouver établie. Si cette regle n'a pas été érigée en loi fondamentale, c'eſt qu'ayant pour baſe le ſalut de l'Etat, elle a dû paroître ſuffiſamment conſacrée par la ſanction de cet intérêt ſuprême.

Il convient de juſtifier ce grand Homme de ce que ſa conduite peut avoir de ſurprenant aux yeux de ces hommes imbus des principes d'un pouvoir déſordonné & arbitraire.

M. de Sully diminuoit l'impôt des

terres dans un temps où des dettes énormes sembloient devoir forcer à l'augmenter. Comment avec un revenu modique, résultat d'un impôt modéré, M. de Sully put-il faire l'acquittement de la dette nationale? Enfin, M. de Sully ne dût-il pas se proposer d'augmenter l'impôt des terres, lorsque les encouragemens de l'agriculture en auroient doublé les produits, comme paroissent l'avoir insinué des Ecrivains, d'ailleurs respectables, lorsqu'ils ont promis au Prince un grand accroissement de richesses pécuniaires, par des encouragemens semblables à ceux semés par M. de Sully?

Les détails suivans montreront que la conduite de M. de Sully ne fut qu'une soumission à l'intérêt politique essentiel, & l'effet d'un calcul vrai & exact sur la nature des choses.

Pénétré en général des inconvéniens d'un grand impôt pécuniaire, ce grand Homme vit que par la contexture de la régie générale des terres du Royaume & la différence de leurs privileges, celles de la troiſieme claſſe ſoutenoient ſeules l'impôt de la glebe ; que les accroiſſemens de cet impôt, décernés à l'occaſion de la guerre, devoient avoir fait ſur ces terres une impreſſion dangereuſe & pénible. Il vit encore qu'après avoir fait l'acquittement de la dîme & des droits d'acenſement, ces terres n'étoient ſuſceptibles que d'un impôt modéré & exigu, & que, ſoumiſes encore un coup à ce double tribut, dont il ſçut eſtimer le poids, ces terres n'offroient à l'impôt que de minces reſſources : il conclut que tout ſeroit perdu, ſi par de faux calculs ou des beſoins imaginaires, ces terres étoient jamais aſſujetties à demeure à un grand impôt, que leur bonté médiocre & la grandeur des charges préexiſtantes, ne comportoient pas.

Ce grand Homme dut voir encore que ces terres de la troiſieme claſſe, n'étant redevables qu'à la dîme & aux acenſemens, par les ſtipulations des baux primitifs, l'impôt que des circonſtances difficiles avoient forcé à mettre ſur ces terres, étoit, quoique modéré, une vraie ſurcharge, qu'elles ne pouvoient ſoutenir que par les encouragemens propres à accroître leur mince revenu ; & voilà ce qui détermina M. de Sully à diminuer l'impôt général des terres.

Ce fut encore une affaire de calcul pour M. de Sully d'avoir conçu la poſſibilité d'acquitter la dette nationale, nonobſtant la diminution de l'impôt, & d'avoir vu même que l'acquittement ne pouvoit s'opérer que par cette diminution. Les réflexions ſuivantes ôteroient à cette maniere de voir de M. de Sully, l'air de paradoxe qu'elle préſente, quand même le ſuccès qu'il obtint n'en juſtifieroit pas la ſageſſe.

En effet, la diminution de l'impôt étoit dans les circonſtances où ſe trouvoit M. de Sully, le ſeul encouragement capable de ramener l'abondance des denrées, & d'en diminuer par conſéquent le prix : il devoit réſulter de ce premier avantage l'augmentation au double & au triple des revenus caſuels du Domaine, & de ceux des Traites & Gabelles, ſoit par un plus grand commerce intérieur, que par les balances utiles, qu'en triomphant de toutes les concurrences la prospérité de l'Etat lui assureroit dans le commerce des Nations, que la bonté & le bon marché de nos denrées ne manqueroit pas de lui enchaîner.

Un autre bien plus grand avantage qu'assuroit la diminution de l'impôt, étoit de diminuer la dépense publique en raison de la diminution du prix que les denrées obtiendroient par leur abondance, & d'accroître d'autant le revenu de l'Etat. D'après ce calcul, fondé encore un coup sur la nature des choses, le Ministre d'Henri IV vit que la prorogation des accroissemens de l'impôt seroit un obstacle invincible à l'acquittement de la dette nationale, qu'assuroit la suppression de ces accroissemens; il vit enfin, en derniere analyse, qu'un revenu modéré, résultat d'un impôt sage & circonspect, étant combiné avec une grande abondance des produits des terres, & une économie rigoureuse, étoit un moyen suffisant de liquidation de la dette nationale, & le principe à demeure de la prospérité publique.

Quand il seroit possible d'allier deux choses inconciliables, un grand impôt général des terres, avec l'abondance de leurs produits, ce grand impôt seroit toujours foulant à l'égard des terres qui ne fourniroient pas à la grande dépense publique que ce grand impôt nécessiteroit; car le recouvrement de cet impôt seroit impossible, si la dépense publique n'étoit proportionnée à sa grandeur: or, comme il ne seroit pas possible que toutes les provinces fournissent à cette dépense publique, il suivroit de ce manque d'harmonie, qu'après avoir dévasté les provinces qui seroient privées de ce secours, tout l'impôt reviendroit sur celles qui en auroient joui, pour les écraser à leur tour.

Si l'Etat éprouvoit les inconvéniens inséparables d'un grand impôt des terres, il n'auroit de parti à prendre que celui de le diminuer, à l'exemple de M. de Sully. L'ordre &

l'économie dans la dépenſe feroient ſoutenir la diminution juſqu'à ce que l'abondance, fruit précieux d'un impôt modéré, vînt, par tous les avantages qui la ſuivent, remplacer avec uſure le ſacrifice.

Il y a une erreur inconcevable de ces derniers temps. On a dit: l'agriculture languit, la liberté du commerce des grains peut la remettre en vigueur. Cette maniere de raiſonner étoit on ne peut pas plus mauvaiſe; car elle ſuppoſoit, d'un côté, que cette liberté des grains étoit ſeule un encouragement ſuffiſant pour rétablir l'agriculture, & de l'autre, que cet encouragement s'étendoit à toutes les terres du Royaume. Mais cette liberté des grains ne ſignifioit rien pour les vignes, les bois, les étangs, les prairies, les pâcages, & généralement pour toutes les terres dont la culture eſt abſolument étrangere à celle des grains: cette liberté n'étoit rien moins qu'un encouragement pour les terres mêmes adonnées à la culture des grains, mais dont tout le ſuperflu en cette denrée alloit en nature à la dîme, aux droits d'acensement & autres frais d'exploitation. Voici quelles ont été les conséquences de cette erreur capitale de fait: Les terres de la troisieme classe ont été privées des secours effectifs que leur mauvais état réclamoit; secours dont la liberté des grains ne pouvoit jamais leur tenir lieu, puisqu'encore un coup, elles ne fournissoient point à ce commerce. Il y a plus, & c'est ici le comble de l'égarement. Sur la foi des bons effets prétendus que le commerce des grains avoit produits sur toutes les terres, on a prorogé les anciens impôts; on en a mis même de nouveaux sur celles de la troisieme classe, à qui cette liberté devenoit nuisible, loin de leur être un encouragement. Enfin, les abus que l'on a fait de cette liberté, le haussement des grains à un prix fou, ont achevé de jetter dans l'accablement les propriétaires fonciers de la troisieme classe, qui, quoique producteurs des denrées d'un besoin secondaire, sont consommateurs de celles de premier besoin.

Le résultat définitif de la faveur exclusive accordée au froment a été de lui faire exercer un despotisme meurtrier sur toute la surface de l'Etat. Le froment, par son prix excessif, a dévoré tous les gains de l'ouvrier, & devenant presque le seul objet de la consommation publique, a étouffé de plusieurs manieres, dans leur germe, les produits des terres d'un besoin secondaire qui, concurremment avec lui, devoient fournir à cette consommation; d'où il est arrivé que la consommation des grains a augmenté en raison de ce qu'ils ont presque fait l'unique aliment du peuple.

Que l'on ne s'y trompe pas : toutes les polices qui tendroient à modifier le commerce de cette denrée, à en empêcher les monopoles & les acaparemens, ne seroient qu'un palliatif vain & insuffisant pour en faire baisser le prix : ce n'est qu'en rétablissant la culture des terres de la troisieme classe, qu'on pourra parvenir à rendre cette denrée abondante ; car la cause de sa cherté &

de ſa diſette exiſtera toujours, tant que la culture de ces terres ne ſera pas remiſe en vigueur.

Ces raiſons paroiſſent devoir faire violence à l'adminiſtration, & l'engager à prendre des meſures promptes & efficaces pour finir & réparer les maux que la cherté des grains a faits. Ces maux ne manqueront pas de ſe reproduire ; la diſette & la cherté continueront d'opprimer la culture de la plus grande partie des terres de l'Etat, de fouler le commerce des manufactures, de porter le déſordre & la confuſion dans toutes les fortunes, de doubler, de tripler même la dépenſe du Prince, le tout pour enrichir quelques fermiers.

Dii meliora piis . . . . . .

Puiſſent ces triſtes conſéquences, d'une opinion fauſſe, être une leçon mémorable pour la poſtérité ! Puiſſent ces malheurs être un monument éternel de l'erreur des temps, & ne pas mériter, par leur invraiſemblance, la foi de nos neveux.

Le ſyſtême de M. de Sully fixe donc

donc le vrai régime de l'Etat, & fournit la regle qui doit servir de base à l'administration économique des terres. Un impôt modéré de la glebe fonde essentiellement cette administration. Cet impôt modéré doit donc être une maxime d'Etat, mais une maxime constante & invariable.

L'erreur qui a égaré l'administration sur le commerce des grains vient d'avoir donné à l'exportation de cette denrée les effets qu'elle ne pouvoit ni ne devoit produire, & en second lieu, de n'avoir pas vu les dangers nécessaires & inévitables de cette exportation, d'après la révolution que le systême de M. Colbert a faite dans l'économie politique de l'Etat. On a outré par toutes sortes de moyens les effets de l'exportation, & on s'est permis ensuite ce que M. de Sully n'eut garde de faire, d'augmenter l'impôt général des terres. Ces faux calculs veulent être développés; les maux qu'ils ont faits sont encore à réparer.

Le systême de M. de Sully, approprié exclusivement à son temps, ne peut abſolument s'appliquer au nôtre, attendu le changement arrivé à l'économie de l'Etat par le ſyſtême de M. Colbert. Ces deux ſyſtêmes portoient ſur une agriculture brillante. Mais les moyens de ces deux ſyſtêmes, pour procurer le ſuccès de la culture, étoient tout oppoſés. Le reſſort de M. de Sully étoit l'exportation ; celui de M. Colbert, au contraire, n'étoit que la conſommation intérieure, & cette conſommation intérieure excluoit preſque l'exportation.

L'exportation des grains, baſe du ſyſtême de M. de Sully, n'offroit à l'Agriculture qu'un encouragement borné dans ſes effets ; & en effet, cette exportation étant reſtrainte au ſurperflu des grains, n'étoit pas de tous les temps, & elle manquoit encore aux produits des terres qui ne pouvoient être exportés. Au contraire, le ſyſtême de M. Colbert, combiné avec les progrès que la vigne a fait parmi nous depuis M. de Sully, & avec l'agrandiſſement de nos colonies, en excluant néceſſairement l'exportation en nature, assuroit à l'Agriculture tous les encouragemens possibles, puisqu'elle fournissoit les moyens de convertir en richesses pécuniaires tous les produits quelconques des terres, au grand desir de l'Agriculture & de l'Impôt. Le systême de M. Colbert, vu dans son résultat définitif, présentoit, dans l'apurement des échanges respectifs de l'Etat avec les Nations liées à son commerce extérieur, une solde en argent infiniment supérieure à la solde que pouvoit donner le systême de M. de Sully par l'exportation des denrées. Si on parvient à démontrer, par les faits & par les raisons prises de l'essence des deux systêmes, la vérité de ces assertions, on aura vengé M. Colbert du reproche d'avoir ruiné l'Agriculture, & on aura montré à la fois l'erreur qui, dans ces derniers temps, a provoqué l'exportation, & fait regarder le prix des grains par l'exportation comme le plus grand encouragement possible de l'Agriculture: préventions fâcheuses qui ont égaré la Nation, & jetté le Gouvernement politique dans un désordre & une confusion extrême.

L'harmonie économique des Etats résulte de l'appui mutuel que se prêtent les parties qui les composent; c'est à l'administration à combiner les encouragemens de maniere à établir cette correspondance réciproque, puisque la force & la richesse des Etats résultent de la direction des encouragemens vers cet objet. En général, la force & la richesse d'un Etat se composent d'une grande & bonne population, d'une agriculture qui donne avec profusion tous les produits des terres, & enfin d'un commerce intérieur & extérieur qui convertisse en richesses pécuniaires les superflus en tout genre de ces produits. De tous les systêmes, celui qui remplira le mieux ces objets sera évidemment le meilleur & le plus sage. Or, le systême de M. Colbert présente évidemment ces avantages: mais ce systême suppose un impôt sage & circonspect; car l'impôt réuni aux autres charges des terres, eſt comme le leſt de l'Agriculture. Si ce leſt eſt déterminé avec intelligence, il donne au nerf de l'Etat une impulſion utile, & le fait tendre à ſon but. Courbée alors ſous ce joug néceſſaire, l'Agriculture remplit ſa tâche, & triomphe des obſtacles moraux & phyſiques qui la contrarient; mais pour que ce leſt ſoit utile, il faut que l'impôt & les autres charges la laiſſent ſurnager ſur les événemens & les haſards contraires. Un joug trop lourd retarderoit ſa marche; alors elle n'offriroit que des ſuccès ou nuls ou inſuffiſans. La ſageſſe du Pilote brille donc à rétablir le mouvement des parties que l'affaiſſement livroit à l'inertie.

C'eſt d'après ces réflexions qu'il faut juger du ſyſtême de M. Colbert comparé avec celui de M. de Sully. Ce dernier ſyſtême, fondé ſur la vente à l'étranger du ſuperflu des grains, n'offroit qu'un encouragement partiel & borné aux terres qui avoient un ſuperflu en cette denrée; cet encouragement étoit même équivoque pour ces dernieres terres, comme nous le dirons tout à l'heure.

Le ſyſtême de M. Colbert vouloit une Agriculture qui donnât avec profuſion non-ſeulement des grains, mais même tous les produits d'un beſoin ſecondaire ; & comme ſes manufactures étoient un moyen ſûr de convertir en argent non-ſeulement tous les produits quelconques de l'Agriculture, mais encore les matieres premieres dont ces manufactures étoient les ouvrieres, & qu'en outre ſon ſyſtême faiſoit produire des fruits induſtriels aux maiſons, aux bêtes de ſomme, & qu'il offroit des gains à tous les individus de la population, que ce ſyſtême venoit de créer, ſans différence d'âge ni de ſexe, il ſuit que les établiſſemens de M. Colbert, en procurant la conſommation univerſelle de tous les produits quelconques des terres, étoient le plus grand encouragement poſſible de l'Agriculture, puiſqu'ils doubloient les fortunes rurales. Ce ſyſtême procuroit encore de grands accroiſſemens à l'impôt, & par le doublement de l'aiſance des campagnes, & par les fortunes du commerce que ces établiſſemens créoient. L'Agriculture devenoit donc brillante par les manufactures & pour les manufactures.

Que l'on ne diſe pas que cette nouvelle population créée par le commerce de M. Colbert étoit aux dépens de la population des campagnes; ce ſeroit méconnoître l'attrait de la vie champêtre lorſqu'elle eſt réunie avec l'aiſance, que de penſer que ces établiſſemens aient jamais fait des transfuges dans la population de l'Agriculture. Cette nouvelle population dut ſe former au ſein des villes, ou, ſi l'on veut, de l'excédent de la population des champs; car comment concevoir que la vie champêtre, améliorée par les établiſſemens des manufactures, eût perdu le charme qui devoit lui attacher plus fortement ſes colons? Comment penſer que des hommes exempts du ſouci des beſoins phyſiques, heureux par la diſſipation, par l'eſpece d'indépendance attachée à leurs travaux, & enfin par l'exercice continuel de leur force & par la jouissance du spectacle de la nature, fussent devenus tout à coup insensibles à ces avantages? Comment imaginer enfin que ces hommes façonnés dès le berceau à ce courage actif qui se joue des obstacles, qui brave l'intempérie des saisons, se plaît aux exercices les plus pénibles, pour qui le repos est un tourment, que ces hommes, dis-je, dont les plaisirs mâles portent l'empreinte de cette énergie qui fait l'essence de leurs ames, se fussent dégoûtés d'un genre de vie si fait pour l'homme, & devenu nécessaire par l'habitude, pour se livrer à l'inertie d'une profession triste, qui ne leur présentoit que des privations de tout ce qui leur étoit cher, & dont les occupations contrastoient avec les idées qu'ils avoient du vrai bonheur?

La nouvelle population créée par les établissemens de M. Colbert, loin de nuire à celle de la classe agricole, ne dut que la renforcer. Ces établissemens semés de proche en proche, étoient comme les filieres de la circulation qui, par des détours infinis, alloient féconder toutes les terres de l'État, en leur assurant des consommateurs utiles. La consommation universelle augmentant l'aisance de tous les propriétaires fonciers, étoit un nouveau lien qui les attachoit à l'Agriculture, & nécessitoit à la fois une plus grande population rurale. Or, c'est cette crue arrivée à cette derniere population par les établissemens de M. Colbert qui, réunie à la population créée par ces mêmes établissemens, explique les prodiges du regne de Louis XIV. Sans cette double population, sans les richesses immenses que le systême de M. Colbert mit dans l'État, comment ce Prince auroit-il pu opposer, dans des guerres interminables, des armées égales en nombre aux armées de tous les Peuples de l'Europe conjurés à sa perte, & couvrir en même-temps la mer de vaisseaux?

Mais ce systême de M. Colbert n'eut qu'un beau moment, sans doute, par ces mêmes guerres qui, en même-temps qu'elles mutiloient les bras de l'Agriculture & ceux des établissemens de commerce, élevoient, par les emprunts énormes qu'elles provoquoient un impôt désordonné & écrasant sur les terres. Ce ne fut pas la faute du systême de M. Colbert: sans ce systême, la ruine de l'Agriculture étoit toujours décidée. Il y a plus, ce systême dut en retarder la chûte, & c'est ce que n'ont pas vu ceux qui ont confondu la chose avec ce qui n'en étoit que l'abus.

On a dit que le systême de M. Colbert n'avoit eu qu'un beau moment; mais sans les circonstances cruelles qui en croiserent les avantages, ce beau moment eût commencé une destinée à jamais brillante pour l'Etat. Si M. Colbert eût eu sur Louis XIV l'ascendant que M. de Sully avoit sur son Maître, le Royaume acquéroit sur le reste du monde une prépondérance irrésistible avec moins de faste & d'ambition. Ce Prince, par les établissemens de M. Colbert, fixoit à jamais la fortune de l'Etat & dans un sens différent du reproche qui fut élevé contre lui, obtenoit la monarchie universelle. Et en effet en regnant sur les mers, il rangeoit sous sa loi toutes les Nations de l'univers devenues tributaires de notre industrie & des denrées que le systême de M. Colbert permettoit d'exporter. Le fond de ce systême nous reste, & il n'attend pour produire encore les plus grands effets, qu'une main sage qui le réintegre dans ses moyens, en élaguant, à cause de leur mauvais effet moral & politique, les rameaux nuisibles qui le surchargent. Envisagés comme la ressource du moment, ils ne devoient point survivre aux circonstances impératives qui les firent adopter.

Le systême de M. Colbert vouloit une Agriculture brillante : sans ce secours ses établissemens n'auroient jamais triomphé chez l'étranger ni dans le Royaume même des concurrences qui s'opposoient à leurs succès. Ce fut donc la bonne qualité, & le meilleur marché possible des produits de ces manufactures qui, par l'abondance & le vil prix des matieres premieres & des denrées, obtinrent chez tous les peuples du monde une préférence décidée & ſubite. Et quand on a parlé du bon marché des denrées & des matieres premieres, ce prix n'étoit vil que par comparaiſon avec le prix de ces deux objets chez les Nations dont il falloit craindre & vaincre à la fois la rivalité. Et en effet, combien de facilités ne trouva pas M. Colbert dans la poſition locale du Royaume, entouré de mers, traverſé de rivieres & de canaux, ainſi que dans un ſol vaſte & fertile qui, par les diverſes températures de ſon climat, offroit, réunis, les différens produits que la nature n'a ſemés que de loin à loin ſur la ſurface de la terre, & qu'aucun Royaume, excepté la France, ne raſſembloit. Combien de ſecours préſentoit à ſes établiſſemens une Nation docile, induſtrieuſe, non moins faite pour le génie des arts que pour les talens de la guerre! Le grand homme ſaiſit tous ces avantages, & ſçut les mettre à profit.

Les moyens prohibitifs de l'exportation qui lui ont été reprochés furent le crime des circonſtances difficiles, ou une précaution néceſſaire qui tendoit à mettre en réſerve des produits que l'exportation lui auroit enlevés, en attendant que ſon ſyſtême mieux développé ménageât au ſuperflu des grains, par la conſommation intérieure, un prix plus avantageux que ne pouvoit leur donner l'exportation même.

Le ſyſtême de M. Colbert, en offrant les moyens de convertir en richeſſes pécuniaires les produits d'un beſoin ſecondaire qui ſe dérobent à l'exportation, favoriſoit encore les terres livrées à la culture des grains, puiſque ces terres réuniſſent à cette derniere culture celles des produits d'un beſoin ſecondaire; ces terres trouvoient donc dans le nouveau ſyſtême un encouragement que leur refuſoit l'exportation.

Mais voyons comment ce même ſyſtême aſſuroit encore aux grains un ſort plus utile que celui qu'ils avoient par l'exportation. La vérité de ce fait réſulte de la comparaiſon du prix des grains dans la vente à l'Etranger, avec celui qu'ils obtinrent par la consommation intérieure. Il est certain que les grains se présentoient à la vente à l'Etranger, chargés de frais de transport, d'emmagasinement, & des gains de la chaîne intermédiaire des commissionnaires & autres marchands, entre la premiere & derniere vente. Ces frais, ces bénéfices pouvoient doubler le prix de la premiere vente. Or, il est évident que le premier vendeur ne profitoit pas de cette crue, qui par conséquent ne pouvoit tourner au profit de l'agriculture : les avantages de l'exportation se rapportoient donc aux intermedes qui en étoient les agens, & exclusivement à l'agriculture. Dans le commerce intérieur, l'agriculteur vendoit immédiatement au consommateur, & profitoit, à l'avantage de l'agriculture, des bénéfices de l'exportation, que cette consommation remplaçoit ; cette vente immédiate excluoit le monopole & l'accaparement. Cette marche vouloit ſans doute un impôt modéré, pour que l'agriculteur ne fût pas forcé à précipiter ſes ventes; car les gains des manufactures étant ſucceſſifs & journaliers, devoient donner lieu à des ventes journalieres & ſucceſſives; mais rien n'empêchoit, encore un coup, que l'agriculteur ne ſe conformât aux moyens du conſommateur; les greniers du cultivateur, toujours ouverts & jamais vuides, tenoient lieu de magaſin public; & l'Etat alors ne devoit point être expoſé aux inconvéniens cruels qu'il a pluſieurs fois éprouvés, de devoir racheter à un prix plus grand du double & du triple, les mêmes grains qu'une exportation indiſcrete avoit ſouſtraits à la ſubſiſtance nationale.

Mais, comment les établiſſemens des manufactures ont-ils remplacé le produit de l'exportation des grains? Il ſeroit difficile de faire l'énumération des objets qui, avec une ſolde infiniment ſupérieure à celle des grains, ont pris la place de cette denrée dans le commerce extérieur;

& ce n'eſt que par les réſultats qu'il eſt permis d'apprécier ces différences ; or, pour faire voir que tout eſt à l'avantage des établiſſemens de M. Colbert, il ſuffit d'obſerver qu'ils ont fait l'appui & le ſoutien de deux regnes mémorables, dans la bonne comme dans la mauvaiſe fortune.

Je me borne à faire les réflexions ſuivantes, ſur l'effet moral & politique des deux ſyſtêmes comparés entr'eux. Je penſe que le ſyſtême de M. Colbert étoit plus brillant, & celui de M. de Sully plus ſage. Si M. de Sully eût ſuccédé à M. Colbert, en reconnoiſſant le génie étonnant du dernier Miniſtre, il eût gémi de trouver établi un ſyſtême dangereux ſans doute dans ſes conſéquences. En voyant la difficulté de ſoutenir la grande fortune que ce ſyſtême faiſoit à l'Etat, il eſt douteux qu'il en eût envié l'invention à ſon précurſeur. Ne ſe feroit-il pas même cru complice des malheurs dont le ſyſtême de M. Colbert, par ſa proſpérité même, pouvoit être une ſource néceſſaire ? Et ce n'eſt pas l'ambition des conquêtes que le Miniſtre philoſophe eût le plus craint, il eût bien plus redouté pour la Nation les richeſſes & le luxe qu'elles traînent à leur ſuite, dont ce ſyſtême étoit le principe; il eût vu que ces richeſſes donneroient tôt ou tard des fers à une Nation avilie & dégénérée: alors, ſans ſe laiſſer éblouir par l'éclat impoſteur des apparences, il eût réduit aux établiſſemens, immédiatement & à jamais utiles à l'Agriculture, un plan monſtrueux, dont les parties ſuperflues & nuiſibles, comme ces plantes paraſites & vivaces qui s'engendrent dans un ſol trop gras, devoient affamer & étouffer au loin les germes utiles.

Il réſulte de l'apperçu du ſyſtême de M. de Sully comparé avec celui de M. Colbert, que l'exportation des grains que ce dernier ſyſtême excluoit ſous Louis XIV, doit ſignifier encore moins pour nous, vu les progrès immenſes de la vigne depuis cette époque & la néceſſité d'approviſionner nos Colonies, & vu encore le mauvais état de notre Agriculture.

Je reviens à mon ſujet : je n'ai pas dû laiſſer paſſer l'occaſion d'éclaircir un point eſſentiel de l'adminiſtration économique ; ce point, en partageant la Nation, avoit déterminé les opérations funeſtes qui, en provoquant un impôt immodéré, l'ont rendu néceſſaire. Si on cherche la cauſe de cette erreur fatale, qui a fait meſurer la force de l'Etat à la grandeur du revenu public, on la trouve dans ce luxe meurtrier, qui provoque un grand revenu & le dévore ; ce ſont ces arts corrupteurs qui, en fourniſſant l'aliment de ce luxe univerſel, ont introduit dans les Cours & dans les Palais des Grands une façon d'être qui néceſſite les plus grands revenus, & les rend toujours inſuffiſans. Ce luxe a deux objets : le gaſpillage de la conſommation & le renouvellement rapide des formes. Le grand impôt qu'il entraîne, cauſe la chûte & la diſette des produits des terres ; & c'eſt ainſi qu'il a fait doubler la dépenſe publique. On a dit bien des choſes en ſa faveur ; des plumes ſçavantes en ont fait l'apologie ; mais, qu'elles nous disent à quoi sert le gaspillage de la consommation? On a observé que les artisans du luxe de décoration consomment ; mais leurs gains étant au centuple plus grands que cette consommation, les sommes à quoi ces gains montent, stagnent à côté de la circulation ; & comme ils se renouvellent sans cesse, ils attirent sans retour à la Capitale tout le numéraire de l'Etat ; & ce numéraire, manquant dans les provinces, rend l'impôt foulant, & donne lieu à des frais énormes de recouvrement, qui le doublent.

Un impôt modéré ne connoît pas ces dangers : en laissant dans les mains du propriétaire foncier de quoi prévenir & réparer les accidens qui affligent la cultivation, il devient le gage & le garant d'une fertilité constante. Les bonnes années dédommagent des mauvaises, sans influence immédiate de l'administration ; l'abondance des produits des terres assure, avec une grande population, la stabilité des revenus publics qui, quoique modérés, sont toujours suffisans, quand ils sont réunis avec cette abondance. Tranquille fur le fuccès de l'Agriculture, que fa fageffe a mife fous la fauve-garde d'un impôt modéré, l'adminiftration ne s'occupe qu'à accroître, par tous les encouragemens poffibles, les fortunes rurales; & ce n'eft pas une déclamation vaine, que ces fortunes font le tréfor du Prince; qu'elles fçauront fe préfenter au befoin & faire face aux plus grands befoins, à la différence des reffources ruineufes du crédit & des emprunts. Il eft donc vrai que ce tréfor n'eft jamais mieux connu que lorfqu'il paroît fe cacher dans les mains des fujets agricoles, faits pour en être les feuls dépofitaires.

La régie immédiate des terres de la troifieme claffe, dût être encore pour le grand Sully un motif de fécurité fur le fort de l'Agriculture. Les inféodations, les baux emphytéotiques, avoient déja remplacé de fon temps les ferfs de la glebe par des propriétaires libres, & introduit dans l'état la meilleure ilotie poffible & la plus conforme à l'efprit de la Monarchie. Cette régie donnoit ſans inconvénient à la Nobleſſe la liberté de s'éloigner de ſes poſſeſſions pour aller exercer au loin les emplois de la guerre. L'attrait de ce nouveau genre de propriété, quoiqu'idéal & précaire, tenoit lieu aux nouveaux propriétaires de tout autre encouragement, pour leur faire prendre, au ſuccès de la cultivation, un intérêt auſſi vif, auſſi fructueux que celui qu'eſt capable d'inſpirer une propriété abſolue & indépendante. Ce ſyſtême de régie étoit encore le principe de la population précieuſe des campagnes : les terres, objet de cette régie, ayant été dépouillées de leurs priviléges, donnoient priſe à l'impôt, & les nouveaux propriétaires fonciers trouvoient, au grand deſir de la politique, dans les conditions d'une propriété pénible & preſque onéreuſe, des motifs toujours renaiſſans d'une activité infatigable, & d'une parcimonie rigoureuſe, reſſort admirable de l'Agriculture, qui ne pouvoit ſe rencontrer que dans le ſyſtême dont on parle. Cette régie aſſuroit encore aux terres toujours les mêmes agens de leur culture, & perpétuoit d'âge en âge l'amour des travaux ruſtiques & le goût vertueux de la vie champêtre; enfin elle mettoit dans les fortunes rurales cette égalité, cette modeſtie qui devoient les rendre durables & conformes à l'intérêt politique (1).

Que cette régie fût due aux haſards des événemens, ou qu'elle eût été combinée dans le ſecret d'une politique profonde, il eſt certain qu'elle étoit on ne peut pas mieux aſſortie aux vues ſages de M. de Sully; car tout ſe réduiſoit pour lui, d'une part, à ne pas forcer cette régie par un impôt aveugle & déſordonné, & à accroître de l'autre les encourage-

(1) On a préſenté comme préférable à toute autre régie des terres, celle par des Fermiers. Le premier inconvénient de cette derniere régie eſt d'être peu favorable à la population des campagnes; le ſecond, d'exclure l'égalité des fortunes rurales; le troiſieme, de livrer les terres aux ſurcharges & au deſſolement. Ceci a paſſé en proverbe : les dernieres années du bail à ferme ſont une grêle pour les terres. Un quatrieme inconvénient, c'eſt que la régie par les Fermiers prive les terres de ces grandes réparations à demeure, qui ont pour objet de préparer de loin une plus grande fertilité & de prévenir les dégradations, dépenſes dont on ne peut avoir l'eſpoir d'être dédommagé qu'inſenſiblement & dans des tems reculés.

mens qui réſultoient de ſa contexture.

En rendant compte des maximes de M. de Sully, & des ſuccès qu'il obtint par ces maximes, on croit avoir aſſigné la cauſe de la dégradation des terres de la troiſieme claſſe, & avoir montré que c'eſt l'oubli de ces maximes qui en a énervé la culture; mais dans quelle progreſſion cette décadence s'eſt-elle opérée? L'analyſe des loix burſales & économiques qui, dans une ſérie immenſe, ſe ſont ſuccédées depuis le regne d'Henri-le-Grand, peut ſeule éclaircir ce point: la diſcuſſion en ſeroit utile ſans doute; mais l'adminiſtration a ſeule les facilités qu'un tel examen exige. Au ſurplus, notre pauvreté, notre dépopulation, l'inculture des terres de la troiſieme claſſe faiſant juger en gros des mauvais effets de ces loix burſales, ces circonſtances ſuffiſent pour devoir exciter la ſollicitude de l'adminiſtration, & lui faire embraſſer la regle qui va être propoſée comme le ſeul moyen de connoître les maux qu'elle a à réparer.

L'Etat eſt dans le cas d'une contrée devenue le théatre d'une maladie épidémique avérée, conſtatée : tous les individus n'ont pas éprouvé les atteintes de la contagion : il s'agit d'indiquer ceux qui en ſont attaqués, & le période de la maladie de chaque individu malade.

Les baux à ferme de la dîme offrent le ſeul moyen poſſible de connoître aujourd'hui, & dans tous les cas où cette connoiſſance importera à l'adminiſtration, la vraie ſituation des terres de la troiſieme claſſe.

La dîme eſt une quote-part de tous les produits des terres & du croît des beſtiaux dans les lieux où ce croît eſt un objet de revenu.

Cette quote-part s'étend à tous les produits & à l'entier croît ſans déduction préalable des ſemences, des intérêts des miſes, & de la partie des produits qui couvre & balance les frais de culture. Cette quote-part varie de proche en proche : elle eſt, ſuivant les lieux, le huitieme, le neuvieme, &c. de tous les produits des terres. Pour trouver le

revenu

revenu d'une communauté quelconque du Royaume, il convient de multiplier par lui-même le prix de la quote-part de la dîme consignée dans son bail à ferme, & le produit de la multiplication sera le revenu total de la communauté vérifié, moins le prix de cette quote-part.

Comme l'objet de la vérification est de connoître le revenu des terres soumises à la taille; exclusivement aux terres nobles qui n'y sont pas comprises; & ces terres nobles étant d'un autre côté assujéties à la dîme, il convient de déduire du produit de la multiplication; 1°. le revenu des terres nobles constaté & connu par leur bail à ferme; 2°. le montant des frais de culture que l'usage a évalué pour les terres roturieres à la moitié de leur revenu total; 3°. les semences & les intérêts des mises, consistant en bestiaux de labour, & autres frais non compris dans le précédent article; 4°. les frais insolites de recouvrement de l'impôt, autres que les remises des Collecteurs & Receveurs particuliers & généraux, ſavoir les logemens, exécutions & ventes des meubles, les ſaiſies & ventes des fruits, & même des beſtiaux, les journées des ſequeſtres, & gardiens; 5°. une ſomme égale à la diminution des récoltes cauſées par les accidens de grêle, à l'occaſion deſquels le décimateur eſt tenu, le cas y échéant, d'indemniſer ſon fermier en raiſon de la perte des produits conſtatés par les procès verbaux des perſonnes à ce connoiſſantes & nommées de gré à gré pour cet objet; 6°. le montant des droits d'acenſement en grains, argent, droits de champart, & autres preſtations réelles & perſonnelles, ſuivant le bail à ferme des ſuſdits droits.

Toutes ces déductions faites, ce qui reſtera du produit de la multiplication ſera le revenu effectif de la Communauté donnée, & le quart de ce réſidu appartiendra à la taille ſuivant la régle qui eſt cenſée en déterminer le taux général, ſauf enſuite les vingtiemes, les quatre ſols pour livre de l'ancien dixieme, & enfin la Capitation à prendre ſur ce même réſidu.

La premiere déduction ne paroîtra point enflée, si on daigne se rappeller la trop juste idée que l'on a donnée des terres de la troisieme classe ; & en effet la culture en est si déchue, que les frais d'exploitation absorbent souvent tout leur revenu. Mais comme ces terres admettent des différences entre elles, il est certain que toute compensation faite, le fort portant le foible, l'évaluation des frais de culture à la moitié des produits est tout à l'avantage de l'impôt contre les propriétaires.

Observations sur les déductions du tableau.

La déduction des frais extraordinaires de recouvrement n'est pas une supposition que l'on se soit permise dans l'objet d'intéresser au sort des terres qui les subissent. Ces frais insolites existent dans plusieurs Provinces ; ils ont donné lieu à bien des plaintes, à bien des réclamations.

Quæque ipse miserima vidi . . . .

Il est heureux que cette déduction soit suspecte de supposition ; cela prouve que les excès qui la fondent n'ont pas lieu par-tout ; mais pour être ignorés dans certaines Provinces, ils n'en ſont pas moins connus dans d'autres.

La déduction qui a trait au recouvrement forcé, explique celle concernant les accidens de grêle. Il faut avoir vu les ravages que fait ce fléau dans les pays où il eſt fréquent, pour ſe convaincre de la juſtice qu'il y a d'avoir égard aux pertes qu'il occaſionne.

On ſupplie d'obſerver que l'auteur écrivant pour tous les pays de l'Etat, a dû choiſir ceux qui ſont dans le cas de toutes les déductions du tableau. Que les Provinces qui ſont dans une ſituation contraire s'applaudiſſent de l'exception ; mais encore un coup ce tableau auroit été inexact à l'égard de celles qui éprouvent les maux qui rendent ces prélévemens indiſpenſables ; on doit avertir que dans certaines Provinces il pourroit ſe trouver un grand nombre de Communautés ſans revenu. Loin de rejetter la régle, à cauſe de ce triſte réſultat, il faudra au contraire tenir le mal plus grand qu'elle ne l'aura présenté, car tout défaut sera constamment de ne pas montrer dans toute leur étendue les maux qui oppriment les terres de la troisieme classe. Au surplus ce seroit alors le cas de faire vérifier les déclarations par des hommes sages & intelligens, & l'on a tort si les résultats des vérifications ne sont pas les mêmes que ceux des déclarations.

Il est vrai que la régle proposée ne peut tromper que sur le plus ou le moins des dégradations des terres, & qu'il lui arrivera souvent de présenter quelque revenu là où il n'en existe pas, ou un plus grand revenu que celui qui existe. Mais l'administration sera toujours suffisamment avertie de la mauvaise situation des terres auxquelles la régle aura été appliquée ; elle ne risquera même rien à supposer le mal plus grand qu'il ne sera dépeint, & cet inconvénient étant tout à l'avantage de l'impôt, il suivra que les secours départis ne seront pas dans une exacte proportion avec les besoins ; le zèle & l'activité des propriétaires en doubleront l'effet ; & les encouragemens généraux feront le reste, en attendant que des temps plus heureux permettent de faire mieux.

Mais cet inconvénient n'en est pas un, puisque la régle ne peut donner lieu à des erreurs considérables, & qu'elle présente à-peu-près le revenu réel des terres dans toutes leurs variations : c'est donc ici une voie toujours ouverte à l'administration, pour veiller au sort de l'agriculture & aux terres grevées, pour obtenir des secours aux besoins, à la différence du cadastre général par l'estimation des terres par des Experts.

Observation sur le cadastre général par estimation des terres.

Il y a un siecle que la question d'un cadastre général occupe & partage la Nation.

Le projet d'un cadastre général est une de ces idées spécieuses & séduisantes que l'on admet sans réflexion, mais qui étant approfondies ne soutiennent pas l'examen.

Ce qui a dû faire adopter le projet d'un cadastre général, c'est sans doute d'avoir vu que c'étoit une institution ancienne, & que l'impôt étoit régi par le cadastre dans la moitié des Provinces du Royaume. Mais il falloit observer que l'autre partie de l'Etat, quoique privée de ce prétendu secours, n'en étoit pas plus mal pour cela. Il falloit voir que les Provinces qui ont un cadastre sont les plus pauvres du Royaume, & que l'impôt y est en général plus mal réparti que dans celles où la taille est distribuée par commissaire.

Cette différence vient évidemment de la mauvaise régle qui présida aux anciens cadastres, & de ce que les prisées erronées des terres, qui long-temps après la confection des cadastres avoient été, vu l'impôt modéré, sans conséquence, ont eu des effets funestes & sensibles, lorsque l'on s'est cru autorisé à augmenter immodérément l'impôt, sous prétexte de la crue arrivée aux prix des denrées. Tant que l'impôt fut léger, il y eut peu d'inconvéniens que des Communautés peu aisées subissent par des estimations fautives, un impôt plus grand que celui décerné à des Communautés riches, en vertu des estimations déguisées de leurs terres. La surcharge des premieres Communautés, vu encore un coup la modération de l'impôt, n'étoit pas absolue ; cette surcharge n'étoit que relative ; les Communautés favorisées soutenoient peut-être, au préjudice de l'Etat, un impôt inférieur à ce qu'il devoit être ; mais l'impôt n'étoit point foulant pour celles qui étoient grevées, puisqu'elles n'étoient pas privées de leur aisance.

Il en a été tout autrement lorsque l'impôt a été augmenté ; il en seroit encore autrement aujourd'hui, si le cadastre étoit renouvellé, car ce renouvellement tendroit, attendu les circonstances difficiles, à soumettre les terres au plus grand impôt possible, sans vouloir néanmoins compromettre les moyens de leur culture ; il arriveroit que les surcharges que produiroient des estimations fautives seroient foulantes à l'égard des fonds qui en seroient l'objet, & que l'attente de l'administration seroit trompée vis-à-vis des terres dont les Experts auroient attenué & déguisé le revenu.

Si on montre que ces méprises & ces erreurs des Experts seroient nécessaires & inévitables, & qu'elles naîtroient de la nature des choses, il suivra qu'un cadastre général fait d'après le plan qui fut suivi dans la confection de l'ancien est impropofable, puisqu'il ne sçauroit remplir son objet.

Les obstacles éloignés qu'éprouveroit un cadastre général, résultent de la dépense & de la longueur des opérations préliminaires à sa confection. Le projet d'un cadastre ne laisseroit donc entrevoir des secours à l'agriculture que dans une perspective très-éloignée, lorsque son état déplorable reclame les encouragemens les plus prompts & les plus accélérés.

Un tableau sommaire de ces opérations préliminaires donnera une idée de leur longueur & de leur dépense; ce travail commenceroit par un arpentage géométrique & général des terres. Cet arpentage ne pourroit être que successivement fait, vu la pénurie des Géométres, & la difficulté d'en trouver un nombre suffisant qui, par leurs lumieres & leur probité, pussent être employés à la fois à l'arpentage d'une grande quantité de terres. Mais supposons qu'il fût possible de se procurer les secours nécessaires pour accélérer l'opération. Le Géométre seroit arrêté à chaque pas par les faux rapports des indicateurs, que les anciens cadastres erronés eux-mêmes ne pourroient servir à corriger ni à éclairer. Dans le cas que l'ancien cadastre & l'indicateur seroient opposés, pour lequel des deux faudroit-il que le Géométre se décidât? En croiroit-il aveuglément l'indicateur, lorsque les bornages qui réglent les continences seroient effacés, déplacés ou connus sous des noms autres que ceux que le cadastre donne? Excédé, égaré par des difficultés inextricables & sans cesse renaissantes, le Géométre prononceroit au hasard & à l'arbitraire. Et n'est-il pas à craindre si la discussion rouloit entre un riche & un pauvre, que celui ci n'eût toujours tort (1) ?

Le Géométre ayant fini son travail, l'Expert commenceroit le sien. Le choix des Experts arrêteroit sans doute ; pour bien faire, il faudroit les prendre dans les lieux même ; car des étrangers seroient dénués des connoissances accessoires que la prisée des terres exigeroit, ils seroient donc évidemment inhabiles à la faire ; néanmoins les habitans étant suspects & récusables, des étrangers seroient préférés.

On observe qu'il seroit indispen-

(1) Les instances en matieres principales concernant les bornages ou l'emplacement des fonds litigieux, celles en retrait des biens vendus pour lésion énorme, les partages des héritages, les renouvellemens des papiers terriers provoquent tous les jours des discussions qui décelent l'ignorance des Arpenteurs & des Experts. On voit souvent sur les mêmes objets des rapports contradictoires. Ces matieres sont le tourment & l'écueil de l'ordre judiciaire. Un arpentement précipité des terres de l'Etat donneroit lieu à des discussions & à des torts infinis, dont le jugement appartiendroit en dernier ressort à l'Arpenteur en vertu de sa commission. Combien souvent il seroit Juge & Partie !

fable de prifer toutes les poffeffions, & de faire même d'un même champ plufieurs prifées ; car on n'eft pas Agriculteur fans favoir qu'une piece de terre préfente fouvent plufieurs qualités diverfes ; or l'Expert doit remarquer ces différences. Je ferois infini fi je voulois rendre compte des détails minutieux, mais néceffaires, mais indifpenfables, à quoi l'eftimation des terres engage.

L'eftimation des terres achevée, on pafferoit à la rédaction du cadaftre. Ce cadaftre feroit double, pour en être dépofé un exemplaire au Greffe de la Cour des Aides du reffort. Ce dépôt feroit effentiel, puifqu'il tendroit à prévenir & à vérifier les altérations & les faux qui pourroient fe commettre, foit en dénaturant les continences, foit en changeant les prifées, d'où réfulteroient des furcharges dans la diftribution de l'impôt, manœuvres qui n'ont que trop lieu dans les provinces encadaftrées.

Or, la confection d'un cadaftre ayant pour objet d'affeoir à demeure l'impôt, il faudroit y procéder la balance de l'équité à la main, & avec l'attention la plus ſcrupuleuſe; car ſi les opérations dont on vient de parler étoient omiſes ou négligemment faites, le cadaſtre feroit moins un monument de la ſageſſe du miniſtere qui l'auroit procuré, qu'une léſion de la propriété & une ſubverſion des loix qui la protegent.

Maintenant que l'on calcule la dépenſe énorme d'un tel travail; elle feroit en raiſon de l'intelligence & des lumieres des perſonnes qui feroient commiſes pour le faire. On a évalué à cinquante millions & à trente années de temps la confection d'un cadaſtre général; cette évaluation ne paroîtra point exagérée à ceux qui ſont verſés dans ces ſortes d'opérations.

Après avoir montré les obſtacles éloignés qui s'oppoſent à la confection d'un cadaſtre général, il nous reſte à faire voir que ſans ces obſtacles, un tel travail ne rempliroit pas ſon objet par les erreurs infinies qui ſe gliſſeroient dans l'eſtimation des terres; car l'expert n'ayant aucune regle pour faire cette eſtimation, ces erreurs favorables ou contraires à l'impôt, ſuivant les haſards de l'arbitraire, ſeroient indiſpenſables & néceſſaires, car elles réſulteroient de la nature des choſes.

C'eſt une vérité inconteſtable que le revenu d'un fonds de terre quelconque ne peut être connu que par les états exacts des récoltes qu'il a donné pendant un certain nombre d'années. Ces états ſervans à former une année commune, ſont un terme de comparaiſon qui autoriſe à eſpérer & à induire au futur des récoltes à peu près ſemblables. Cette regle adoptée dans les ventes des propriétés foncieres, dans la fixation des proviſions pour alimens, & enfin dans tous les arrangemens de la vie civile, qui ont pour baſe la connoiſſance des revenus des héritages, s'applique plus directement à la fixation de l'impôt.

A cet égard, le propriétaire peut ſeul connoître le revenu de ſa propriété fonciere. Il a beau ſçavoir les qualités intrinseques de son sol, il a beau en avoir saisi les vices cachés; tout importantes que peuvent paroître ces notions, elles sont évidemment insuffisantes pour déterminer le revenu futur. Et on n'est pas Agriculteur, on n'est point Economiste sans connoître les variations étonnantes des récoltes, ainsi que l'impossibilité de les prévoir & de les prévenir. Cette impuissance, cette ignorance ne sont pas un tort de la nature, elles manifestent au contraire sa sagesse; car l'ignorance de ces hasards incertains, mais possibles, mais toujours à craindre, prévient le découragement en même temps qu'elle est l'aiguillon de l'inertie & le frein de l'intempérance; & en produisant l'activité & l'industrie du Cultivateur, elle devient le ressort naturel de l'Agriculture.

Les accidens qui tyrannisent la cultivation sont connus. Et qui ignore les dérangemens des saisons qui trompent tous les jours le vœu de l'agriculture? Qui n'a pas remarqué ces variations contre nature dans l'habitude de l'air & la température du climat qui ruinent les eſpérances les mieux fondées ? Qui n'a pas été témoin de ces pluies abondantes & continues qui dégradent les terres en pente, en même tems qu'elles inondent les bas fonds ? Eſt-il au pouvoir du propriétaire de calculer le temps qu'il faudra pour former à grands frais un nouvel humus, lorſque les eaux auront entraîné la terre végétative de la ſurface, en ſuppoſant que la ſeconde couche ne ſoit ni le roc, ni le tuf.

Mais quand il lui ſeroit poſſible de prévoir ces hivers trop doux, ces printemps trop ſecs ou trop humides, comment pourroit-il empêcher ſes ſémis de dégénérer par cette double intempérie ? Comment s'y prendra-t-il pour les défendre de ces inſectes voraces que la terre recelle, & qu'une chaleur importune & déplacée aura fait pululler à l'infini, & qui avec les oiſeaux du ciel viendront aſſaillir & dévorer ſes germes ? En vain il aura dirigé ſa culture d'après les vents dominants, d'après les qualités connues de ſon ſol, & enfin d'après la nature du climat, les déſordres dont on a parlé viendront, avec une infinité d'autres cauſes, tromper ſon attente, & le priver du prix de ſes ſoins ; des chaleurs hâtives, une ſécchereſſe extrême brûlera ſes moiſſons & ſes côteaux. Ce n'eſt donc évidemment que d'après le réſultat de pluſieurs récoltes ſucceſſives qu'il pourra eſtimer les effets de ces accidens, & avoir au futur une connoiſſance conjecturale du revenu de ſes terres, la ſeule que la nature des choſes comporte.

Et de quel front un Expert, dépourvu de cette expérience des événemens, viendra-t-il, ſur des inductions trompeuſes, faire la priſée d'un ſol dont il ne connoît pas même les qualités ? De quel front oſera-t-il régler au futur les produits incertains d'une terre expoſée à tant de haſards, lui aſſigner un revenu conſtant & uniforme, malgré toutes les raiſons de penſer que ce revenu ſera ou anéanti, ou rendu fort inférieur à l'opération de l'appréciateur ?

Le propriétaire aura beau faire ses observations, elles seront suspectes dans sa bouche; si l'Expert y a égard, il s'expose à être induit en erreur, & il errera en effet si les observations sont infidelles. Dans le cas contraire, il sera encore trompé en n'y ayant pas égard, & en ne les prenant point pour regle.

Dans cette indécision, dans cette perplexité, si l'Expert est honnête homme, s'il est pénétré à la fois de l'importance de ses fonctions & de l'insuffisance de ses lumieres, son parti ne sera pas douteux, il en croira le propriétaire sur sa parole; alors le rapport de l'Expert sera celui du propriétaire. Je demande à quoi aura servi l'Expert dans ce cas?

Si l'Expert ne peut écarter les obstacles physiques qui seront pour lui une source d'erreurs; si ces obstacles, comme un voile impénétrable, lui dérobent le revenu éventuel des terres, en le laissant dans une ignorance profonde sur le point capital & essentiel de sa mission; s'il est absurde enfin de le faire prononcer positivement, affirmativement sur des possibilités, à moins qu'il n'ait, comme un autre Joseph, la prescience de l'avenir, il ne lui sera pas moins impossible de déterminer les révolutions politiques qui démentiront nécessairement sa prédiction sur le revenu qu'il aura assigné aux terres. Or ces événemens politiques dévoilant son ignorance présomptueuse, influeront nécessairement dans son rapport pour le rendre indigne de la confiance publique.

On se convaincra de la vérité de ces réflexions si on observe ces événemens qui, par des causes imperceptibles, changent avec tant de rapidité la scene du tableau économique. Que l'on remarque ces concurrences qui font circuler de proche en proche les secours de l'Agriculture, obstruent ses débouchés, subdivisent ses encouragemens, les font évanouir & reparoître par des révolutions imprévues, soit morales ou politiques, qui se succedent avec une mobilité inconcevable. Comment empêcher qu'une denrée appropriée exclusivement à telle contrée, ne devienne commune à plusieurs par l'industrie & l'esprit du gain ? Une province frontiere jouissoit, par une grande circulation d'argent, d'une consommation utile & lucrative; un traité de paix transporte cet avantage à un autre pays que la conquête substitue à la place du premier. La perte d'une Colonie arrivée d'abord après la confection du cadastre, réduira de moitié le revenu de plusieurs provinces. Des concurrences nationales, des actes de commerce entraîneront la chûte de telle & telle manufacture, qui, florissante à l'époque de la vérification, avoient donné lieu à des prisées relatives au grand revenu des terres voisines que la suppression de ce secours jettera dans le désordre & la confusion. Or, les Experts n'ayant pu ni dû prévoir ces révolutions futures & imminentes, seront parties dans l'estimation des terres du prix qu'avoient leurs produits à l'époque de la vérification. Il est donc évident que cette estimation ſera fauſſe & exagérée de toute la diminution que le revenu aura ſubi par ces révolutions dont on vient de parler, & autres ſemblables dont l'énumération ſeroit infinie.

Les obſtacles moraux qui militent contre un cadaſtre général par la voie des Experts, réſultent de l'inſuffiſance des meſures à prendre pour s'aſſurer de leur fidélité & de leur activité; car quels moyens prendra-t-on pour bannir la faveur, les négligences & l'arbitraire de leurs opérations? Comment les empêcher de déguiſer, d'atténuer le revenu des Communautés aſſez riches pour les corrompre, & d'enfler celui des paroiſſes trop pauvres pour acheter leurs prévarications?

Or la réunion de ces divers obſtacles phyſiques, politiques & moraux explique l'arbitraire & inégale diſtribution de l'impôt qui ſe remarque dans les Provinces encadaſtrées. On y voit communément des Paroiſſes pauvres par la médiocre qualité de leur ſol aſſujetties à un impôt plus grand que d'autres Communautés aiſées & même riches par une plus grande bonté abſolue & relative de leurs terres.

Voilà donc l'adminiſtration économique malgré l'idée d'un ſuccès contraire replongée par le cadaſtre, & avant d'en être ſortie dans le déſordre & la confuſion. Les Paroiſſes, foulées par les erreurs des Experts, ſe plaindront vainement. Le cadaſtre ayant pour lui dans l'opinion publique une grande préſomption de rectitude & de vérité rendra l'adminiſtration ſourde aux réclamations. D'après ce préjugé fâcheux le Miniſtre qui auroit procuré le cadaſtre ſe croiroit quitte envers la Nation de ce qu'il devoit à l'Agriculture & à ſa place. Alors les plaintes les mieux fondées reſteroient ou ſans accès ou ſans accueil & ſeroient regardées comme l'effet de l'inquiétude. Il y a plus : la dépenſe publique ayant été auſſitôt reglée d'après le revenu qu'auroit déterminé le nouveau cadaſtre, quel Miniſtre oſeroit prendre ſur lui d'ordonner des nouvelles vérifications au riſque d'être

Modele de Vérification par le Bail à ferme de la Dîme.

Communauté A.	Total du revenu de la Communauté, ci		45000 ᵗᵗ
Dîme au dixieme.	A déduire le revenu des terres nobles, suivant le bail d'icelle; ci		6000
	Reste, ci		39000
Prix du bail, 5000 liv.	A déduire de cette derniere somme pour frais de culture, ci	19500 ᵗᵗ	36150 ᵗᵗ
	Plus, pour semences, intérêts des mises évalués, conjointement, ci	3150	
	Pour frais insolites des recouvremens, ci	1000	
	Une somme égale à la diminution des produits par les accidens de grêles, évaluée cette diminution dans les Provinces où les accidens sont fréquens à la perte d'une récolte sur six, ci	6500	
	Pour le montant des droits d'acensement quelconques, prix constaté par le bail à ferme d'iceux, ci	6000	
	Reste partant pour revenu effectif, ci		2650
	A prendre sur icelui pour la taille, ci	712 ᵗᵗ 10 ˢ	1879
	Pour vingtiemes & quatre sols pour livre de l'ancien dixieme, ci	166 10	
	Plus, pour la capitation	1000	
	Il restera pour tout revenu aux propriétaires de la Communauté A, ci		771

Et s'il appert des différentes mandes établissant l'impôt de la Communauté donné, que cet impôt qui ne devroit être que de .... 1879 ᵗᵗ

Est au contraire de 4000

Il suivra que le revenu de cette Communauté sera nul moins 2121

Pouvant y avoir dans la Communauté vérifiée des immeubles étant un objet de revenu, lequel pour n'être pas soumis à la dîme, ne pourroit être indiqué par le bail d'icelle, il seroit enjoint aux habitans de ladite Communauté de joindre aux autres pieces faisant le soutien de la vérification, un état de ces immeubles, avec les baux qui en établiroient le revenu, pour icelui être mis à la taille, au moyen de quoi la taille, les vingtiemes & capitation seroit de, ci 1879

Plus, la taille & les vingtiemes du revenu effectif des immeubles non soumis à la dîme.

Ces immeubles pourroient être des bois taillis en coupe réglée, des étangs, des marais salans, des minieres, des maisons lucratives, & autres objets de ce genre.

forcé d'accorder des remiſes qui, en diminuant le revenu public, le rendroient inférieur aux beſoins du ſervice ?

Ces erreurs des Experts radicales ou accidentelles ſeroient donc irréparables par la confiance & la ſécurité dans laquelle leur travail auroit jetté l'adminiſtration, & par la fauſſe opinion que le nouveau cadaſtre auroit établi à demeure le vrai revenu des terres.

On croit avoir démontré qu'un cadaſtre général, par l'eſtimation des terres, ne ſauroit conſtater le revenu; un cadaſtre général, par cette regle, pourroit encore moins aſſigner ce revenu à demeure. Ce cadaſtre général ſeroit donc un mauvais moyen de mettre l'impôt en proportion avec le revenu des terres.

Le revenu des terres eſt donc évidemment de la claſſe des incommenſurables ; ce revenu ne peut être connu que par approximation. La regle par les dîmes eſt purement conjecturale & d'induction. Cette regle n'a qu'une bonté relative ;

mais la plus grande bonté relative possible étant comparée avec tous les autres moyens de connoître le revenu des terres ; car son rapport est moins infidèle que celui de tous ces autres moyens ; & enfin parce que ses erreurs sont presque sans conséquence pour l'impôt & pour les terres : & ces considérations doivent lui valoir la préférence sur toute autre regle qui ne rempliroit pas si bien son objet.

Il est encore sensible que la regle, par les dîmes, ne peut avoir qu'une rectitude momentanée, & qu'il sera indispensable de prendre connoissance du réglement primitif de l'impôt toutes les fois que les baux des dîmes seront renouvellés.

De la nécessité de coordonner l'impôt des terres aux variations de leurs revenus, du besoin de l'associer aux succès de l'Agriculture & de lui faire partager ses pertes, dérive la maxime, égide de la propriété, sauve-garde de l'orde public économique, qu'il faut prendre souvent connoissance de la situation de l'Agriculture.

Des

Des visites annuelles des terres, inspirées par cette maxime tutélaire, consacroient la sagesse de l'ancienne régie de l'impôt. Les chevauchées annuelles des élus établis presqu'à l'époque de l'institution de l'impôt, n'avoient pas un autre objet que d'éclairer sa fixation annuelle d'après leur rapport sur l'état distributif des récoltes. Par quelle fatalité inconcevable, cette précaution introduite dans les circonstances d'un impôt modéré, est-elle tombée en désuétude dans les temps modernes, lorsque le besoin d'un grand impôt la rendoit indispensable ?

Le retour à cette maxime élémentaire de l'administration économique, doit donner lieu 1°. à la confection d'un cadastre par les dîmes des terres soumises à la taille ; 2°. au rétablissement des fonctions anciennes des élus, qui, conjointement avec d'autres Commissaires, éclaireront l'administration sur les objets dont la connoissance importera à sa marche ; 3°. A la formation d'une caisse d'Agriculture dont les fonds feront employés à fubvenir à fes befoins diftributifs, dans le cas des accidens défaftreux qui auront anéanti fes mifes; 4°. à l'établiffement d'une autre caiffe de fubvention, à l'effet de diftribuer d'abord, & fur les réfultats des premieres defcentes, les moyens de la culture & des manufactures où ces moyens manqueront. Cette derniere caiffe feroit fupprimée lorfque fon objet feroit rempli. La premiere feroit, comme fa caufe, perpétuelle & à demeure.

Ces arrangemens, ces précautions que prefcrivent impérieufement les circonftances, honoreront à jamais la mémoire de Louis XVI, & placeront fon nom chéri parmi les noms des Titus, des Marc-Aurele & des Henri IV. C'eft par des foins pareils qu'il lui eft permis de prétendre à la gloire d'être le pere de fes fujets, &.à la fois le Monarque du monde le plus puiffant & le plus fage.

L'idée d'une caiffe de fubvention pourra paroître une nouveauté finguliere; le plus grand intérêt, la plus grande équité en motivent l'établiffement.

De la part du Prince, cette caiſſe feroit un ſecours que ſa ſageſſe ménageroit aux propriétaires fonciers que les accidens de grêle & autres infortunes auroient jettés dans l'accablement & le déſeſpoir. Et n'eſt-il pas criant que les pays qui ont ſubi ces déſaſtres ſoient non-ſeulement privés des ſecours dus à leur état, mais qu'ils ſoient encore tenus de payer l'impôt à l'ordinaire! Dans la police actuelle, ou on n'a pas égard à ces malheurs, ou les ſoulagemens qu'ils provoquent ſont bornés à la remiſe d'une très-petite partie de l'impôt, ſur le rapport d'un porteur de contrainte chargé par le Receveur des Tailles de vérifier le dommage: il y a plus, & c'eſt ici le comble du déſordre; ces remiſes en faveur des paroiſſes grevées accroiſſent aux impoſitions de l'Election ou du Diocèſe dont les paroiſſes affligées ſont partie, & où ces accidens ſont fréquens & ordinaires. Le vice d'un tel arrangement eſt ſenſible à l'égard même des paroiſſes à qui on fait ſupporter les remiſes accordées aux premieres ; d'abord, parce que c'eſt une ſurcharge pour elles, & en ſecond lieu, parce qu'ayant été dévaſtées elles-mêmes par des accidens ſemblables de grêle, on les force, avant d'avoir réparé leurs propres malheurs, à contribuer à des ſoulagemens qu'elles réclament pour elles.

Néanmoins, tout vicieux qu'eſt cet arrangement, il dérive d'un principe vrai, mais mal dirigé, mal entrevu ; car l'impôt ne devant égaler que les beſoins rigoureux du ſervice public, il eſt conſtant qu'il lui eſt impoſſible de ſe prêter à la diminution des revenus, autre que celle qui arrive par des accidens ordinaires. Les accidens extraordinaires ne le regardent pas de maniere qu'il ſoit tenu de tous les ſecours néceſſaires pour les effacer, & l'adminiſtration, vu, encore un coup, le beſoin d'un revenu uniforme, conſtant & toujours le même, ne pourroit fournir à ces ſecours qu'en ſe repliant ſur l'impôt général pour l'augmenter, & en rejettant ſur les provinces heureuſes les ſubventions en tout genre qui ſeroient décernées à celles que les accidens contraires auroient opprimées.

Ces réflexions fondent la ſolidité de droit qui exiſte parmi toutes les provinces du Royaume. Par une conſéquence de cette ſolidité, les biens & les maux doivent être communs entre elles, mais dans ce ſens, que celles qui n'auront pas ſubi les déſaſtres dont on parle ſoient obligées d'aller au ſecours des pays qui les auront éprouvés.

Cette ſolidité des provinces a donc été apperçue dans ces contrées triſtes & malheureuſes, où, par l'influence d'un climat orageux & perfide, le cultivateur n'eſt jamais ſûr de rien. Mais l'exercice de cette ſolidité eſt abſolument vicieux. Il ne s'agiroit donc que de lui donner l'extenſion qui réſulte de ſon eſſence, & relative à ſon objet. Or, en faiſant contribuer toutes les paroiſſes de l'Etat à la caiſſe de l'Agriculture, on pourroit ſubvenir, dans toute leur étendue, aux beſoins de celles qui ſeroient dans le cas d'y recourir.

L'établissement d'une caisse d'agriculture a donc pour base, premiérement, le besoin d'un impôt à peu près uniforme & égal, & ensuite la considération que l'impôt ne devant rien perdre, les charges que ne pourroient point soutenir les pays affligés seroient rejettées à demeure sur ceux qu'une position plus heureuse soustrait aux désastres qui oppriment les premiers. Or, une subvention modique de toutes les paroisses de l'Etat prévoit & prévient cet inconvénient, & il est clair que l'intérêt du Prince & celui de toutes les provinces réclament l'établissement d'une caisse de subvention.

La confection d'un cadastre par les dîmes pourra présenter de grandes difficultés; mais on ose assurer que ces difficultés ne sont rien si on les compare avec ces détails infinis, avec ces précautions minutieuses qui font l'échafaudage & l'enchevêtrement des grosses fermes. Cette réflexion prévoit les objections que la paresse & l'inertie mettroient en avant pour faire rejetter le ſeul moyen de finir les maux de l'Agriculture : au ſurplus, il doit être moins queſtion de la difficulté de la regle que de ſa bonté; car il ſeroit criant de la rejetter, parce que ſon application ſeroit pénible & laborieuſe ſi, d'ailleurs, elle rempliſſoit ſon objet, & qu'elle fût le ſeul moyen de le remplir.

Tout ſe réduit donc à cette queſtion unique. La regle par les baux de la dîme eſt-elle propre, & la ſeule propre à indiquer à peu près le vrai revenu des terres? Un cadaſtre par les dîmes peut-il ſervir à mettre l'impôt en proportion avec le revenu des terres? Si la réponſe à cette queſtion doit être affirmative, tout eſt dit. Cette regle fût-elle plus difficile, il faudroit l'adopter; la conſéquence eſt néceſſaire & ſans replique.

Il y a une obſervation importante ſur l'ordre qu'il conviendroit de garder dans les opérations tendantes à la confection d'un cadaſtre général. A ce ſujet, on obſerve qu'il ſeroit de toute néceſſité de commencer à vérifier le revenu des terres, par les baux de la dîme ; car leur description & leur division par les qualités diverses qu'elles présentent ne devant point être précipitées, il conviendroit de laisser aux Communautés tout le temps convenable pour y procéder en connoissance de cause & dans la plus grande regle. Mais comme d'un autre côté, il seroit nécessaire de pourvoir aux besoins de l'Agriculture, l'impôt seroit d'abord réglé, d'après les résultats des baux à ferme, pour être soudivisé dans la forme actuelle, en attendant que la confection du cadastre permît une distribution plus exacte & plus conforme à la proportion graduelle que les terres admettent entre elles par leurs qualités diverses.

Les détails suivans serviront de supplément aux observations sur le modele de vérification des terres, & aplaniront à la fois les difficultés que présente la confection d'un cadastre général par les baux à ferme de la dîme.

La premiere difficulté résulte de

ce qu'il faudroit autant de vérifications qu'il y a de Paroisses dans le Royaume, & que plusieurs opérations seroient même nécessaires dans chaque Communauté à l'effet de déterminer la valeur des déductions.

Ce premier obstacle du cadastre proposé lui est commun avec celui par estimation, avec cette différence qu'une prisée détaillée, minutieuse des terres seroit on ne peut pas plus dispendieuse, sans compter qu'elle ne rempliroit pas son objet ; au lieu que la vérification par les dîmes pourroit être rapide & s'opérer par des regles sûres.

Mais tout le défaut du nouveau plan consistant dans la difficulté de déterminer le montant des semences & celui des frais de culture, il convient d'assigner une regle pour faire cette fixation.

Dans cet objet, il est important de diviser les terres de chaque Communauté par leur emploi différent. On trouve qu'elles composent en général quatre classes, sçavoir : les Prairies en rapport, les Bois en coupe réglée, les Vignes & les Terres à grains. On obſerve qu'il peut exiſter encore des terres ayant un emploi autre que celui remarqué ci-deſſus ; mais ces terres, en petite quantité & d'un revenu exigû, échapant ordinairement à la dîme, peuvent être ſoumiſes à l'impôt d'après les baux qui en conſtatent le revenu, ou ſur des évaluations ſéparées.

Il ſeroit enjoint à chaque Communauté de donner, d'après ſon cadaſtre, ou bien d'après le papier terrier du Seigneur, des états ſéparés par nombre d'arpens de chacune des quatre claſſes de terres dont nous avons parlé, avec un état, auſſi ſéparé, de celles non compriſes dans la diviſion ci-deſſus.

Voici la maniere de procéder à la vérification des frais de culture d'après ces états.

Prairies. On ſuppoſe d'abord que les prairies ſont ſoumiſes à la dîme, & encore qu'elles ſont au ſurplus des terres comme un eſt à quatre ; mais attendu que les regains balancent ordinairement les frais d'exploitation des prairies, il ſuivra que les frais de culture ne ſeroient dans cette ſuppoſition que la moitié moins un quart de ce revenu total.

Mais dans le cas que les prairies ſeroient affranchies de la dîme, on joindroit alors au revenu effectif de la Communauté leur revenu connu par le nombre d'arpens portés par les états & combinés, avec le prix qu'elles ſeroient louées par arpent dans le lieu.

Bois taillis en coupe réglée & futaie.

Cette ſeconde claſſe de terres étant exempte de la dîme, ſon revenu ſeroit conſtaté pour chaque arpent par le prix des dernieres adjudications. Or en diviſant ces prix par les années qui font l'intervalle d'une adjudication à l'autre, on trouveroit leur revenu annuel & effectif, lequel, ſous une mince déduction pour les frais de garde, ſeroit joint au revenu effectif.

Vignes.

Si on remarque combien les produits des vignes ſont incertains; ſi on fait attention que de tous les biens la vigne eſt celui qui veut la culture la plus ſoignée & auſſi la plus diſpendieuſe, on conviendra que les frais de culture de cette troiſieme claſſe de terres balance au moins la moitié de leur revenu, quel que ſoit la qualité & le prix de leur produit. Car il faut obſerver que les vignes qui donnent ces vins rares ſont en côteaux, poſition qui ſoumet les propriétaires à des tranſports de terres continuels & diſpendieux à l'effet de remplacer & de renouveller la ſurface ſans ceſſe appauvrie par les eaux, circonſtance qui fait diſparoître la différence de ces premieres vignes avec celles qui ſont pleinieres; la culture moins coûteuſe de celles-ci, & leur plus grande fertilité compenſant la meilleure qualité des produits des premieres.

La diſette des vins qu'ont cauſé les accidens ſubits pendant une ſuite non interrompue d'années dans les deux Provinces célebres adonnées à la culture de la vigne, dispense de faire l'énumération des hasards auxquels ce genre de bien est exposé.

Néanmoins, comme il convient de concilier tous les intérêts, & qu'il faut sur-tout éviter le reproche d'avoir proposé des vues qui tendroient à anéantir l'impôt :

On observe que dans les pays où les vignes sont en labour, ce qui les suppose abondantes, il s'en faut bien que les frais de culture absorbent la moitié de leur revenu ; dans ce cas il faudroit réduire ces frais d'après les renseignemens pris sur les lieux, & procéder à cette réduction suivant la méthode proposée pour les prairies. Et si les frais de culture de ces dernieres vignes étoient par rapport à leur revenu comme un à cinq, & que ces vignes fussent au surplus des terres aussi comme un à cinq, il faudroit réduire le cinquieme de la totalité des frais de culture à un cinquieme du cinquieme de ces frais.

Terres à grains.

On supplie de ne point perdre de vue qu'il ne s'agit ici que de trouver le revenu des terres de la troisieme classe.

Voici une regle pour fixer les frais de culture des terres à grains. La fixation de ces frais à la moitié du revenu de ces terres, est en général exacte. Il faut convenir aussi qu'elle seroit exagérée & erronée à l'égard de beaucoup de terres qu'il faut excepter de la regle, en donnant un moyen de réduire ces frais à leur juste valeur.

On observe d'abord que dans les Provinces où la régie des terres par des fermiers est admise, presque toutes les bonnes terres appartiennent au Clergé ou à la Noblesse, & que celle que le Peuple y possede ne sont rien pour l'étendue, ni pour la qualité. Or, à l'égard de ces dernieres terres, la fixation des frais de culture à la moitié de leur revenu ne sera que trop favorable à l'impôt contre leurs propriétaires.

On remarque encore que dans les Provinces du milieu & du midi de l'Etat, soit celles qui sont régies par le franc-aleu, soit les pays soumis aux maximes qui fondent rigoureusement le droit féodal ; les terres roturieres y sont en général moins mauvaises & plus communes que dans les Provinces voisines de la Capitale, soit par l'effet du franc-aleu, ou parce que la penurie des fermiers d'une part, & le grand éloignement où sont ces terres de la Capitale, de l'autre, dûrent engager les grands propriétaires à mettre leurs possessions foncieres dans les mains du Peuple.

Quoi qu'il en soit, on trouve dans ces dernieres Provinces la régie par Amodiateurs. Ces Amodiateurs sont des colons, qui, à des conditions qui varient suivant les lieux, exploitent les terres, ou à mi-fruits, ou aux deux cinquiemes & quelquefois au quart des fruits, & qui en outre sont tenus envers les propriétaires de certaines prestations en volaille & autres menues réserves portées par les contrats publics ou privés établissant les engagemens respectifs.

Ainsi, dans la vérification des Provinces où la régie par Amodiateurs a lieu, il feroit ordonné aux Communautés de joindre aux déclarations les actes, soit publics, soit privés, qui constateroient les arrangemens ; & s'il s'évinçoit de ces actes que la part de l'Amodiateur ne seroit que le tiers ou le quart des grains, alors les frais de culture des terres à grains ne seroient que le tiers ou le quart de leur revenu, & la regle proposée pour la vérification de ces frais à l'égard des prairies & des vignes, trouveroit son application à la fixation de ces frais pour les terres à grains.

Mais dans le cas où les amodiateurs tiendroient les possessions foncieres à mi-fruits, ce qui ne se rencontreroit que dans les pays pauvres, dans ce cas dis-je, il y auroit lieu de craindre que les frais de culture n'excédassent la moitié du revenu.

Les détails ci-dessus paroissent on ne peut pas plus propres à diriger l'évaluation des frais de culture & à bannir l'arbitraire de cette fixation, le seul point difficile, & qu'il étoit important d'éclaircir.

Ce prélèvement dépend des éclairciſſemens ſuivans : 1°. de la qualité des grains appropriés à la culture de chaque communauté, & de leur proportion entr'eux ; 2°. de la diviſion des ſols ; 3°. du nombre des charrues dans chaque paroiſſe, & de la quantité de ſeptiers que chaque charrue pourroit couvrir.

Prélèvement des ſemences.

On ſeroit infini ſi on vouloit indiquer toutes les précautions que la prudence ſuggere pour parvenir à la fixation exacte des prélèvemens du tableau. La ſagacité & la ſageſſe de l'adminiſtration ſuppléera facilement ces détails. Au ſurplus, ſi le plan propoſé recevoit quelqu'accueil, ſon inventeur offre de ſatisfaire aux objections, & d'applanir les obſtacles.

Pour ce qui concerne les biens exempts de dîme & ſujets à la taille, ces biens, pouvant être affermés, le bail en ſeroit ordonné dans le cas que les propriétaires les régiroient eux-mêmes. L'intérêt politique ſert d'excuſe à cette léſion de la propriété, qui ne ſeroit au reſte que momentanée; car, ſitôt que le revenu de ces biens ſeroit connu, les propriétaires ſeroient d'abord réintégrés dans le droit d'en régler eux-mêmes la régie; & où aucuns de ces objets ne ſeroient ſuſceptibles de revenu, dans ce cas, ils ſeroient rangés dans la claſſe des non-valeurs.

On ne peut trop partager, ſans doute, les motifs qui néceſſitent un impôt relatif au beſoin de l'état; en conſéquence, on obſerve que ſi les dîmes étoient ſous-fermées, il faudroit partir des ſous-baux, en évaluant en argent les réſerves au profit des décimateurs, & en ajoutant au revenu les pots-de-vins, & même les frais des contrats.

Il y a encore une obſervation importante: le grand prix actuel des baux de la dîme, réſultant du prix fou des grains, doit faire craindre que la regle n'enfle le revenu des terres; ce qui arrivera infailliblement dans le cas que le prix de cette denrée viendroit à baiſſer, au moins pour les baux renouvellés pendant la cherté.

Cet inconvénient ne peut ſe prévenir que par l'inſpection des réſultats des Réglemens de l'impôt & par des vérifications faites ſur les lieux ; car on doit ſe tenir pour dit qu'on ne pourra s'aſſurer que par des deſcentes & par le rapport des yeux, ſi la proportion de l'impôt avec le revenu ſera bien établie. Ces deſcentes, ces vérifications rouleroient ſur l'inſpection des ſignes dont la préſence eſt le garant de la proſpérité & de l'aiſance ; mais qui, s'ils étoient abſens, indiqueroient que l'objet de l'opération auroit été manqué au préjudice de l'Agriculture. Il ſeroit donc enjoint au Commiſſaire de voir les pailles & les foins des métairies de chaque communauté, les fourrages étant à la récolte ce que l'effet eſt à la cauſe. 2°. L'état diſtributif de la population, à l'effet de voir ſi cette population ſeroit en rapport avec le nombre de bras que la culture de chaque métairie exigera d'après le nombre des charrues dont elle ſeroit ou devroit être compoſée ; 3°. ſi le propriétaire des terres le feroit auffi des beftiaux de labour & de ceux qui donnent le croît. Le Commiffaire feroit tenu de voir encore l'état des baffes-cours, fi elles feroient fuffifamment garnies, & dans une proportion convenable avec le nombre de charrues & avec les facilités de faire des nourriffages. Il lui feroit encore enjoint d'entrer dans l'intérieur des maifons, de faifir les fignes de l'aifance & de la pauvreté, & de vérifier enfin le rapport des denrées en tous genres, avec les befoins phyfiques des colons qui exifteroient dans chaque métairie. Ces objets & autres de ce genre feroient fommairement coarctés dans les commiffions qui feroient annuellement adreffées dans ce but.

On ne doit pas s'attendre que les premieres vérifications des terres qui feront faites immédiatement après la confection du cadaftre, puiffent éclairer fur fes effets, bons ou mauvais. Une feconde vérification débrouilleroit tout au plus le cahos, & préfenteroit une culture renaiffante de fes cendres ; cette premiere ébauche de la prospérité annonceroit un tableau plus riant & plus heureux. Il résulte de cette réflexion, qu'il seroit indispensable d'ordonner des vérifications annuelles, & de commettre pour les faire, des hommes sages, instruits, & assez Citoyens, pour ne pas craindre le dégoût & la peine qui les suivroient. Ces considérations excluent de ces fonctions saintes, ces vils mercenaires, à qui la faveur & la protection confient souvent les emplois les plus importants & les plus délicats.

Les résultats des différentes vérifications, comparés entr'eux, détermineroient une opération essentielle & unique, consistante à relâcher l'impôt là où sa lourdeur auroit perpétué l'inertie & l'affaissement de l'Agriculture.

Je parlerai tout à l'heure de la composition des bureaux & du besoin de multiplier les secours relatifs aux vérifications ; & on ne peut trop le redire, après avoir fait usage des moyens indiqués, après avoir épuisé toutes les ressources de l'induſtrie & de la ſagacité, pour connoître le revenu réel & actuel des terres, on ne ſera pas encore aſſuré d'y avoir réuſſi ; ce ne ſera, encore un coup, que par l'inſpection des effets de l'opération, & en les épiant, s'il eſt permis de parler ainſi, dans des vérifications ſucceſſives, que l'on pourra acquérir la certitude que leur objet ſera rempli.

La comparaiſon n'eſt ni indécente ni diſparate ; les ſoins multipliés que la prudence dicte pour parvenir à ce but deſirable, doivent reſſembler à la diligence infatigable de cet inſecte induſtrieux dans la compoſition de ſon réſeau ; voyez avec quel art les fils qui en forment le tiſſu, correſpondants entr'eux, viennent aboutir au centre où l'architecte doit placer ſa demeure, pour être averti auſſi-tôt de ce qui peut altérer ou anéantir ſon ouvrage.

Une maxime eſſentielle doit préſider à l'opération & lui ſervir de regle. Tous les cas douteux doivent être décidés pour le propriétaire contre l'impôt ; une regle contraire compromettroit, ou feroit même évanouir le fruit de l'opération.

Le revenu actuel des terres de la troisieme classe étant constaté, il ne resteroit qu'à sous-diviser l'impôt relatif & proportionné à ce revenu, aux terres de chaque communauté, d'après leurs qualités graduelles connues.

Cette seconde opération peut être déférée, sans inconvéniens, aux communautés mêmes; car, les propriétaires fonciers, étant exclusivement à tous experts étrangers, plus à portée de connoître les qualités diverses de leurs possessions, peuvent seuls faire cette distribution avec l'équité convenable. En second lieu, les héritages étant pour la plupart composés de bonnes & de mauvaises terres, & dans une proportion à peu près égale, cette circonstance banniroit la faveur & l'arbitraire d'une telle opération, vû que le plus grand nombre des propriétaires ayant intérêt à ce qu'elle fût faite avec équité, il seroit impossible que les infidélités & les prévarications trouvassent place parmi les discussions & les réclamations de tant de surveillans intéressés à s'y opposer & à les proscrire.

Après que la sous-division des tailles auroit été faite dans chaque Communauté sur les anciens cadastres, ou les papiers terriers des Seigneurs, que les Propriétaires seroient autorisés à rectifier suivant l'exigence des cas, quant à la fixation des qualités graduelles, il seroit ensuite procédé à la description des fonds par leurs bornages & leurs continences respectives, & cette description pourroit être calquée sur les derniers cadastres, ou sur les papiers terriers des Seigneurs, sauf à appeller, le cas y échéant, des Arpenteurs, à l'effet de vérifier les cas douteux.

Il convient d'avertir que l'augmentation des prix des baux de la dîme qui seroient renouvellés après la confection du cadastre, seroit une marque très-équivoque du bien que la vérification auroit produit; car vû le grand prix actuel que les denrées ont

ont obtenu par la disette & autres causes remarquées, la diminution du prix des baux de la dîme, accompagnée d'une grande diminution du prix des denrées, seroit au contraire une preuve sans réplique du bon effet du réglement de l'impôt.

On supplie encore d'observer que la diminution, que l'impôt seroit forcé de subir dans ce dernier cas, loin de diminuer le revenu du Prince, tourneroit au contraire à son avantage, vu que la diminution de la dépense publique par l'abondance & le meilleur marché des produits des terres, seroit toujours supérieure à la diminution de l'impôt ; ainsi le Prince gagneroit à cette révolution : cela paroît être l'évidence même.

On conçoit néanmoins que l'augmentation du prix des dîmes pourroit concourir avec la diminution du prix des denrées, ce qui arriveroit nécessairement si on supprimoit ces droits inconséquens sur le comestible & sur tous les besoins physiques des hommes, lesquels en doublant & en triplant même l'impôt des terres ſans fruit pour le Prince, ne font qu'enrichir le Fermier.

Ces détails minutieux, cette eſpece d'inquiſition humiliante des terres feront regretter au Prince ces temps où la volonté du Propriétaire foncier régloit à-peu-près l'impôt, où les circonſtances critiques détermi-noient la ſubvention des ſujets, & où enfin des offrandes gratuites & volontaires ne laiſſoient au Prince que la crainte d'une profuſion nuiſible à l'agriculture, & le ſoin d'en arrêter l'excès.

Mais ces recherches ayant pour objet de réparer les malheurs paſſés, & de ramener l'âge d'or, doivent empêcher le Souverain de gémir d'être réduit à de pareils moyens, puiſque c'eſt ainſi qu'il parviendra à réintégrer la propriété dans ſes droits, & l'agriculture dans tous ſes moyens, & de réaliſer enfin le vœu de Henri IV.

On voit que le nouveau cadaſtre feroit perpétuel pour les bornages, les continences, & la fixation graduée des terres, sans que cette perpétuité fît obstacle au maintien & aux renouvellemens successifs de la proportion de l'impôt avec le revenu. En effet, il suffiroit de prendre connoissance des variations des prix des dîmes à tous les renouvellemens des baux d'icelle, & la proportion seroit réglée d'après le procédé suivant.

On suppose que la dîme qui est censée être le dixieme des fruits, ait crû d'un tiers en sus du prix du bail précédent, il est constant que le revenu total de la Communauté, qui égaleroit neuf fois le prix de la dîme, seroit alors aussi augmenté d'un tiers; or en supposant encore que le revenu effectif de la même Communauté seroit au revenu total comme un est à trois, il suivroit que le revenu effectif seroit aussi augmenté d'un tiers en sus de celui connu par le réglement précédent.

Composition des baux de vérification.

Il est aisé de voir que le projet d'un cadastre par les dîmes nécessiteroit l'établissement de différens bureaux.

Les bureaux qui feroient chargés de régler à l'avenir la proportion de l'impôt avec le revenu feroient à demeure ; & ceux qui n'auroient pour objet que d'opérer le premier réglement, n'auroient que des fonctions momentanées, qui cefferoient lorfque ce réglement finiroit.

Ces bureaux feroient donc mi-partis ; les fonctions abfolument fédentaires des uns auroient pour objet la vérification des terres, d'après les titres, renfeignemens & autres notions qui feroient fournies par les Communautés.

Les derniers, tour à tour fédentaires & foumis au déplacement, feroient des defcentes fur les lieux, à l'effet de vérifier les objets de l'éclairciffement defquels la bonté des opérations des premiers bureaux dépendroit.

Je voudrois que tous les différens bureaux qui feroient établis par Elections dans les Généralités, fuffent réunis fous autant de Directeurs qui dirigeroient & furveilleroient leurs opérations.

Ce feroit ici le cas de ramasser toutes les précautions & tous les encouragemens les plus propres à faire contre-poids à cette malheureuse tendance au relâchement & aux infidélités qui fait le triste partage de l'humanité.

Les détails concernant le choix des sujets, & des moyens capables de soutenir leur zele & leur activité, feroient ici superflus; l'objet important de leurs fonctions inspirera à cet égard la meilleure police possible. Je me borne à dire que je ne voudrois pas que, dans leurs descentes, les Employés logeassent aux châteaux ni chez personne.

Je voudrois encore leur donner des surveillans, autres que leurs directeurs. Dans cet objet je rétablirois les chevauchées des élus qui n'auroient jamais dû cesser, & le motif de ce rétablissement feroit annoncé. Je pense que ce double secours feroit un frein contre les prévarications & les négligences pour les différens Commissaires, en leur faisant craindre des rapports mieux vus, plus exacts & plus conformes à l'esprit & à l'attente de l'administration que les leurs ; & je crois que cette perspective feroit redoubler d'efforts dans l'exercice des descentes. Je voudrois enfin que ces rapports en forme de procès-verbaux, où tous les objets qui auroient donné lieu à la commission seroient résumés avec une précision lumineuse, fussent signés par les Notables des lieux.

En général les infortunes ne sont bien connues que par les faits ; ce n'est qu'alors qu'elles font des impressions utiles à ceux qui les ont subies. On rabat toujours des peintures qui les présentent ; plus ces peintures sont vives & fortes, plus elles sont suspectes d'exagération ; il faut donc que les malheurs publics soient mis dans la plus grande évidence. Si des procès-verbaux avoient été substitués aux plaintes vagues qui ont fait long-temps le fond des remontrances de certaines Compagnies sur la misere du peuple, ces remontrances, si vaines & si multipliées, auroient produit un tout autre effet. Des procès-verbaux authentiques, revêtus des formes légales, entraînant la conviction, auroient ôté aux surprises & à la sécurité leurs prétextes.

Je dois assigner la cause qui fera que dans certains cas, & à l'égard de certaines terres, le bail à ferme de la dîme pourra présenter un revenu, quoiqu'il n'en existe pas. Je trouve cette cause dans le vice radical de cette charge; ce vice résulte de ce que, suivant le sens rigoureux de sa dénomination, la dîme n'est point restrainte à une quote-part des produits des terres, & qu'elle attaque encore les mises de la cultivation, sçavoir, les semences, les frais de culture, & autres dépenses qui ne sont point un revenu. Cette brèche est sans doute une lésion de la propriété, & le seul moyen de corriger cette forme seroit de rendre la quotte de la dîme si légere, que la lésion fût sans conséquence. Il suit de ce vice radical que, dans le concours de certaines circonstances, la dîme seule, & sans l'adjonction des droits d'acenſement & de l'impôt, ſeroit foulante & arbitraire à l'égard d'une très-grande partie des terres de l'Etat ; combien ſon impreſſion doit-elle être plus funeſte, étant renforcée par l'impôt & les droits d'acenſement qui la ſuivent ?

On convient que ce vice ſeroit ſans conſéquence ſi l'impôt étoit très-léger ; la dîme exiſtoit ſous M. de Sully ſans inconvénient pour l'agriculture ; ce n'eſt donc pas la dîme qui a tort, c'eſt l'effet ſubſéquent d'un grand impôt ſur la fertilité des terres qui fait que la dîme les trouvant dégradées, ajoute à cette dégradation ; alors ſon vice radical devient ſenſible. La dîme & un grand impôt ne peuvent donc ſe concilier, ce ſont deux principes qui ſe combattent, & dont l'activité diſcordante énerve le corps politique ; tout eſt donc perdu, ou il faut que la dîme ou l'impôt reculent. L'impôt peut-il ſubir de grandes diminutions ? il eſt impoſſible de le réduire à ce qu'il étoit ſous Henri IV. Un ſyſtême ruineux de défenſe s'eſt introduit, qui néceſſite une dépenſe triple & même quadruple de ce qu'elle étoit ſous Henri le Grand. On ne peut donc prendre ce Prince pour modele qu'avec les reſtrictions que le changement des circonſtances impoſe; & on ſera ſuffiſamment rapproché des maximes de ce grand Prince, en rendant l'impôt auſſi modéré qu'il peut l'être, c'eſt-à-dire, relatif aux vrais beſoins.

C'eſt donc à la dîme à reculer; il faut ſans doute reſpecter les poſſeſſions foncieres du Clergé; mais la dîme eſt-elle dans le cas d'une pareille faveur? Si la refonte de la dîme étoit dirigée d'après un certain plan, le haut Clergé pourroit trouver ſon même revenu; c'eſt le haut Clergé qui doit être le Promoteur d'une pareille réforme, & en avoir les détails; le Prince ne peut qu'avertir & protéger. Nous avons bien des Couvens, des Chapitres, des Collégiales, des Chapellenies, d'Obits, des Preſtimonies, des Prieurés & des Fabriques; c'eſt au Clergé à juger du bien moral de ces établiſſemens & à en prévoir les réſultats définitifs par rapport à la force de l'Etat. La plupart de ces établiſſemens ſont fondés ſur les dîmes. Des réunions aux Evéchés remplaceroient la diminution de cette charge. Il y auroit moins d'aſyles pour l'excédent des familles; mais avec plus d'aiſance, il faudroit moins de ces aſyles. Le haut Clergé, cet arbre antique & reſpectable, a déja ſenti la néceſſité de retrancher de ſon ſein des rejetons nuiſibles; il falloit voir que ces rejetons trop multipliés, pompoient la ſeve du corps politique & l'énervoient; & diriger la réforme d'après cet effet funeſte.

Je ſupplie qu'on me permette d'expoſer ſous le plus grand jour les mauvais effets de la dîme ſur les terres de la troiſieme claſſe; pour cet effet, ſuppoſons que dans les années médiocres & mauvaiſes, les entiers produits des terres de la communauté, dont la vérification a été ci-deſſus faite, ſoient abſorbés par les frais de culture, & que tous ces frais déduits & prélevés, il ne reste plus rien; il est certain que malgré cette pénurie, la dîme aura toujours un revenu, lequel résultera de la dixieme partie de la semence, de la dixieme partie des fruits qui couvrent les frais de culture, & enfin de la dixieme partie des intérêts des mises. Il suivra donc, que dans ce cas, le prix du bail de la dîme aura annoncé un revenu quoiqu'il n'en existe pas. Car les 39000 liv. étant le produit de la multiplication, ne feront que balancer les frais de culture. Or dans ce cas, le résultat de la vérification ne signifiera rien pour l'impôt, puisque la somme de 5000 liv. prix du bail de la ferme de la dîme, résultera encore un coup dans ces années médiocres & mauvaises, non du revenu des terres, puisqu'il n'en existera point; mais du dixieme de la semence, du dixieme des frais de culture, & du dixieme de l'intérêt des mises. Il est donc vrai que cette erreur sera à l'avantage de l'impôt. Cette supposition fondée sur des événemens trop ordinaires, sert à rectifier la regle & à la réduire à sa juste valeur.

La supposition que les menues denrées & le croît du bétail échappant à la dîme, donnent de la consistence au revenu assigné par le bail à ferme dans l'espece ci-dessus, est contre le propriétaire, en faveur de l'impôt ; car lorsque ces menues denrées sont un objet de revenu, elles sont, ainsi que les foins, soumises à la dîme, & le surplus du croît en sus de la valeur des fourages, assure les intérêts du prix des bestiaux, ainsi que les frais de garde ; & tout le bénéfice se réduit alors aux fumiers dont la dîme profite. Mais en admettant la compensation, la regle rentre dans toute sa rectitude & devient digne de toute la confiance du Ministere.

On supplie d'observer que des soulagemens généraux, des remises sur les tailles ne seroient point un encouragement pour les terres de la troisieme classe ; il faut donc deux choses, faire tomber les remises sur les terres dégradées & dans une mesure proportionnée à la dégradation, à l'exclusion de celles dont la culture est en vigueur : ainsi des secours que partageroient toutes les terres ne feroient profitables à aucunes, puisque ces secours ne pourroient être départis que d'après une regle générale ; au lieu qu'en privant les terres en vigueur d'un encouragement dont elles peuvent se passer, on pourra venir plus efficacement au secours de celles qui ont besoin d'être soulagées. Mais la situation des terres de la troisieme classe n'étant pas la même, il faut nécessairement autant de vérifications qu'il y a de paroisses, à l'effet de saisir les différens degrés de la décadence, & de distinguer distributivement les terres, à l'égard desquelles il suffira de mettre l'impôt en proportion avec le revenu, de celles qui, faute de revenu, doivent être affranchies de tout impôt, & qui en outre réclament des secours réels & positifs ; car les circonstances forçant à restreindre les encouragemens aux besoins rigoureux, une économie éclairée doit présider à leur distribution.

Je n'ai qu'un mot à dire ſur la meilleure forme de l'impôt des terres. L'impôt général des terres doit être réel ; un impôt perſonnel mettroit trop d'incertitude dans le revenu public, qui, eu égard à ſon emploi, ne peut avoir une aſſiette trop ſolide. A cet égard, la fortune du Prince n'eſt bien établie que ſur les terres dont les produits annuels donnent priſe à l'impôt, & auſſi parce qu'il eſt poſſible de connoître la valeur de ces produits, deux circonſtances eſſentielles qui aſſurent un revenu uniforme ſans que ſa ſource ſoit jamais compromiſe. Car cette fortune ne dépend pas moins de la proportion de l'impôt avec le revenu des terres, que de la ſolidité de ſa baſe. Or la forme d'impôt de la glebe qui ſe prêtera le mieux à fixer cette proportion ſera celle qu'il conviendra d'adopter.

Le choix à cet égard ne peut être ſuſpendu qu'entre la forme actuelle de l'impôt & l'établiſſement d'une dîme royale.

Les inconvéniens d'un grand impôt pécuniaire ont fait regreter à quelques citoyens une forme d'impôt en nature, qui, se prêtant aux variations des récoltes, assurât constamment la proportion de l'impôt avec le revenu des terres; & l'établissement d'une dîme royale substituée à l'impôt actuel, leur a paru offrir ce double avantage. Sans la dîme ecclésiastique, sans les droits d'acensement qui gravitent sur les terres soumises à la taille, je me rangerois volontiers de leur avis; mais j'ose assurer que tel est l'état des terres de la troisieme classe, que la dîme ecclésiastique seroit un poids accablant quand elle seroit la seule charge qu'elles auroient à soutenir; la vérité de ce fait résultera de la vérification: en attendant qu'elle soit ordonnée, la réflexion suivante fera voir le danger d'un tel systême. Pour connoître l'impression de la dîme sur les terres de la troisieme classe, il est essentiel d'observer qu'elle n'admet ni les prélevemens des intérêts des mises, ni ceux des semences, ni enfin les déductions des frais de culture, ce qui lui assure plus du tiers du revenu de ces terres dans les années où elles ont un revenu; mais attendu que dans les années médiocres & mauvaiſes, devenues fréquentes par la mauvaiſe culture de ces terres, leurs produits ſont abſorbés par les frais d'exploitation, alors la dîme eccléſiaſtique ébreche les miſes & autres moyens de la culture de ces terres. Il ſuit que l'établiſſement d'une dîme royale qu'il faudroit calquer ſur la dîme eccléſiaſtique, ne ſeroit qu'une ſurcharge ajoutée à une autre ſurcharge, & que la dîme royale doubleroit néceſſairement le mauvais effet de la dîme eccléſiaſtique. D'après ce qui vient d'être dit, on penſe qu'il faut s'en tenir à la forme actuelle de l'impôt. Je vois qu'avec cette forme, M. de Sully & M. Colbert ont fait des prodiges. Ces prodiges pourront ſe renouveller, on oſe le dire, par les arrangemens que cet Ouvrage contient.

J'aurois un vrai regret à l'idée que j'ai donnée des terres de la premiere & ſeconde claſſe, ſi l'apperçu de leurs privileges faiſoit imaginer de rejetter ſur ces terres l'impôt dont celles de la troiſieme claſſe ſeroient déchargées: un tel arrangement croiſeroit l'intérêt politique. On a obſervé que ces terres étoient preſque le ſeul appui de la ſubſiſtance nationale: or, cet avantage étant dû en partie à l'impôt modéré auquel elles ſont ſoumiſes, augmenter cet impôt ſeroit compromettre la ſubſiſtance de la Nation. Cette réflexion importante montre le cas qu'il faudroit faire d'un projet qui tendroit à dépouiller les Moines de leurs poſſeſſions foncieres pour les mettre dans des mains qui certainement ſeroient moins ſoigneuſes & moins en état d'en défendre les priviléges. Il ne s'agit pas ici de diſcuter le titre qui les fonde, un motif ſupérieur, l'intérêt politique les conſacre. Où en ſeroit, en effet, ſans ces privileges, la ſubſiſtance nationale parmi les erreurs qui ont éteint la fécondité des terres de la troiſieme claſſe?

C'eſt trop peu d'avoir donné une regle pour connoître les beſoins de l'Agriculture, il convient d'indiquer les moyens d'y ſubvenir. Cette derniere partie du Mémoire ſera ſommaire, & on ne ſe permettra que de toucher rapidement les reſſources que la ſituation préſente de l'Etat offre pour remplir cet objet.

Nous avons dit que la culture des terres de la troiſieme claſſe réclame des remiſes ſur les Tailles & des ſecours poſitifs.

Il ſeroit ſans doute à deſirer de pouvoir aſſigner la ſomme à quoi ces deux ſecours pourront monter, & il eſt évident que cette fixation ne pourra ſe faire qu'après que toutes les terres auront été vérifiées. Mais ces ſecours devant être employés dans les Etats du Roi, Sa Majeſté pourroit arbitrer une ſomme pour faire face aux premieres vérifications, qui commenceroient par les Provinces pauvres, dont la pauvreté eſt ſuffiſamment indiquée par leur ſituation locale & la mauvaiſe qualité de leur ſól.

Que les premiers rayons de la bienfaiſance du Prince ſe portent ſur les barrieres imposantes & majestueuses du Royaume, où le trône n'est guères connu que par les exacteurs de l'impôt : ces contrées, vues de loin, sont crues inaccessibles, inhabitées ; elles ont recélé, sous les regnes modérés & prosperes, une immense population. Par une espece d'inconséquence, le vœu de la nature y est secondé en raison de ce que le sol paroît se refuser aux besoins physiques de leurs habitans. Un regard secourable de l'administration couvriroit ces pays d'hommes vigoureux & faits pour les travaux de la guerre & de la paix. Ces peuples, tour à tour & suivant les lieux, Pasteurs, Agricoles, ou livrés à l'exploitation des mines, & accoutumés presqu'en naissant à braver & à combattre les bêtes féroces dont leurs demeures sont infestées, joignent à une grande force & à une grande adresse une intrépidité que rien n'étonne. Ces contrées revendiquent sur un peuple rival, en la détestant, la gloire de cette journée qui fait époque dans les fastes de la guerre (1). Ces pays & ceux qui leur ressemblent paroissant destinés pour tout impôt à remplacer de l'excédent de leur population, les vuides qui arrivent sans cesse dans celles des Villes & des Provinces fertiles, ont été les permieres victimes de l'erreur des tems. Producteurs des denrées d'un besoin secondaire, la grande cherté des grains, jointe aux accroissemens de l'impôt, qui ont été mis sur eux à l'occasion de cette cherté, y a communément attaqué la subsistance de leurs habitans. A ce titre, ils réclament des secours en tout genre : leur situation est si déplorable, qu'il faudroit en user avec eux comme on procede dans l'établissement d'une Colonie, & y distribuer des semences, des bestiaux & des subsistances.

En général les moyens de subvenir aux grands besoins d'un Etat dépendent de leur grandeur & de

(a) La Bataille de Poitiers où cent mille François furent défaits par dix mille Anglois. Il y avoit neuf mille Gascons dans l'armée Angloise.

ſeur urgence & auſſi de l'opinion de la ſageſſe du Miniſtere. Ici tout préſente ce concours & inſpire cette confiance ; un intérêt commun identifie les premiers ordres de l'Etat avec le Prince. Cette communauté d'intérêt eſt fondée ſur cette réflexion vraie, que la fortune publique eſt le réſultat & la conſéquence des fortunes individuelles.

Quand les premiers pas du Prince ne lui auroient pas mérité cette confiance précieuſe, la ſageſſe du projet ſuffiroit pour l'établir. La Loi qui ordonneroit la vérification en préſenteroit l'objet & les motifs : on ſeroit bien trompé ſi ce tableau ne diſpoſoit pas à ſeconder des vues ſi utiles.

Mais comme le rétabliſſement de l'Agriculture, vu l'état des choſes, ne pourroit s'opérer que dans une progreſſion lente & tardive, ſi le Prince étoit abandonné à ſes ſeules reſſources, le projet ameneroit naturellement l'idée d'une liquidation générale & la feroit regarder comme le ſeul moyen de prévoir les événemens qui, en forçant d'augmenter l'impôt de la glebe, replongeroient l'Agriculture dans ses premiers malheurs.

Cette liquidation suppose les ressources subsidiaires de l'économie & de l'ordre dans la dépense publique. Ces moyens marcheroient les premiers, comme propres à consolider la confiance, & serviroient de véhicule au plan de liquidation. J'observe que cette économie & cet ordre, poussés jusqu'à la parcimonie, furent un des moyens de Henri le Grand pour liquider les dettes de l'Etat, & des armées nombreuses n'éreintoient pas ses peuples pendant la paix.

Dans la situation présente, une prompte liquidation des dettes de l'Etat peut seul le sauver. Cette assertion trouve sa preuve dans la dégradation de notre Agriculture.

La liquidation peut se faire de plusieurs manieres, en substituant aux créanciers actuels d'autres créanciers moins onéreux. Ce remplacement ne pourroit s'opérer que par une création de rentes viageres ; mais cette création, en doublant presque la somme des intérêts, ne feroit que renforcer la charge : d'ailleurs seroit-il sage d'accumuler ainsi la dépense publique, quand on a peine à soutenir celle qui existe ? Ce premier projet de liquidation, envisagé sous ce point de vue, ne soutient pas l'examen.

Une liquidation, par l'ordre dans la dépense, est impossible quant à présent, puisque les produits de cette économie appartiennent à l'Agriculture par une préférence fondée sur un privilége sacré, qui l'emporte sur toutes les considérations & fait taire tous les prétextes ; car le rétablissement de l'Agriculture remplace toutes les ressources, & rien ne peut dédommager de sa perte. L'Agriculture est, comparée à l'Etat, ce que les racines sont à l'arbre ; lorsque le tronc reste, on peut espérer des rejetons qui consoleront de la perte des branches.

Mais en supposant que les produits de cette économie surpasseront les secours qui seront trouvés néceſſaires à l'Agriculture, que feroient les rembourſemens opérés par un réſidu toujours mince, eu égard à l'énormité de la dette nationale?

Ainſi, que l'on rapproche les tems, que l'on réaliſe, que l'on exagere même les bons effets des arrangemens économiques tendans à une liquidation; que l'on ſuppoſe encore que ces produits de l'économie & de l'ordre iront toujours croiſſans & en raiſon combinée d'une moindre dépenſe & d'une plus grande abondance des produits des terres & de la diminution de leurs prix; que l'on ajoute même que d'un côté la confiance étant bien établie & de l'autre toutes les grandes compagnies liquidées; qu'enfin n'y ayant d'emprunts ouverts nulle part, le créancier, qui ne trouvera pas à reconſtituer ſes capitaux, aimera mieux conſentir à une réduction d'intérêts que d'être rembourſé: je répondrai que cela eſt poſſible; que cette ſituation heureuſe ſera le fruit & la conſéquence

quence néceſſaire d'une adminiſtration ſage & modérée ; mais cela n'empêchera pas que ces moyens ordinaires de liquidation, quoiqu'accrus, n'aient toujours l'inconvénient de ne pas aller aſſez rapidement au but. Et qui répondra que malgré la modération du Prince & toute ſa ſageſſe pour la prévenir, une guerre ne viendra pas interrompre le cours d'une telle liquidation, en élevant ſur les terres de nouveaux impôts, lorſqu'elles commençoient à peine à reſpirer ?

Sans en connoître les obſtacles, ſans pouvoir en calculer les moyens, l'établiſſement d'une Banque Royale paroît le meilleur plan de liquidation & même le ſeul que les circonſtances comportent.

Je ſçais que le ſyſtême d'une Banque pareille a preſque perdu l'Etat. Mais pourquoi ne pourroit-il pas le ſauver ?

Quoi qu'il en ſoit, le ſuccès du projet veut trois choſes ; une forme ſage & réglée d'après les circonſtances & ajuſtée à l'état des fortunes ;

en second lieu, une grande économie dans la dépense publique, & enfin la garantie & même le cautionnement des Compagnies faites pour donner le ton à la Nation.

Apperçu du plan.

Le plan consisteroit à augmenter le numéraire réel par un numéraire fictif, lequel numéraire fictif rembourseroit, à l'instant qu'il seroit mis dans la circulation, une partie de la dette nationale égale au montant du numéraire fictif, & éteindroit par conséquent les intérêts de la somme remboursée ; une somme égale aux intérêts éteints composeroit, avec partie des produits de l'économie, une caisse d'amortissement.

Cette caisse d'amortissement seroit vuidée tous les ans & serviroit à rembourser, par la voie du sort, une partie du papier monnoie égale au fond de la caisse.

On voit que le plan porte sur deux remboursemens ; le premier total & en papier ; le second effectif & partiel. Il sembleroit sage de ne liquider d'abord qu'une partie de l'entiere dette, dont le rembourſement réel & effectif pourroit s'opérer dans une eſpace de quatre ou cinq ans. Cette condition ſemble propre à concilier au projet une confiance qui réſulteroit de l'exécution des promeſſes & autres arrangemens économiques annoncés. Ainſi, il ne faudroit pas mettre l'eſpoir d'une liquidation effective dans une perſpective trop éloignée.

La liquidation réelle que produiroit, par la voie du ſort, le vuidement annuel de la caiſſe, donneroit droit à tous les porteurs du papier d'eſpérer d'être rembourſés les premiers, & ceux que le ſort n'auroit point favoriſés ſe conſoleroient aiſément de l'excluſion par la certitude d'un rembourſement prochain.

Le premier rembourſement réel effectué par le retirement de tout le papier monnoie, au moyen duquel la premiere liquidation auroit été opérée, on pourroit renouveller l'opération; & une ſeconde liquidation pourroit être plus grande que la premiere en raiſon de l'accroiſſement des ressources en tout genre, & du bon effet de la première liquidation.

J'observe que ce plan de liquidation, loin d'exclure les réductions volontaires d'intérêts, les provoqueroit.

Economie.

Cette seconde condition du plan dépend absolument du Prince ; mais la Nation doit à ses vertus de compter à cet égard sur ses soins paternels.

Garantie & cautionnement des Compagnies de l'État.

La plaie encore saignante qu'un systême pareil au fond, mais bien différent dans la forme, a fait à la Nation au commencement du siecle, pouvant faire craindre des effets semblables, il paroîtroit convenable d'intéresser au succès du projet tous les ordres de l'Etat. Il suffit sans doute d'en présenter le motif & l'objet pour pouvoir compter sur les suffrages & l'assentiment des compagnies que la sagesse du Prince vient de rendre aux vœux de la Nation. Une identité d'intérêt répond de l'acquiescement du Clergé & de la Noblesse ; c'est sans doute beaucoup que le concours de ces deux ordres. Je m'étayerois encore de cette classe de citoyens opulens faits pour apprécier les opérations de finance & en saisir les rapports avec le bien public ; je compterois pour beaucoup l'appui de ces hommes déja convaincus de la nécessité d'une liquidation, & du besoin de suppléer l'insuffisance des moyens ordinaires pour la procurer par les ressources de la confiance & du crédit. Créanciers eux-mêmes de l'Etat, ils ne doivent rien tant desirer que sa libération. Il a existé des temps difficiles où ils ont pu craindre pour leur créance ; ces mêmes circonstances peuvent renaître ; quand il faudroit faire des sacrifices, leur intérêt personnel & la protection signalée du Prince les motive, mais on peut n'exiger d'eux que celui de leur temps & de leurs soins gratuits. L'administration ne rougira pas de les consulter sur le fond & la forme du projet. A quoi tient-il même qu'on ne les fasse dépositaires de la caisse d'amortissement? Garants alors & cautions du Prince envers ses créanciers, leur garantie ayant un objet déterminé par les fonds connus de la caisse, seroit sans inconvénient pour tout le monde. Je leur associerois encore ces autres citoyens, dont le crédit a été la ressource de l'Etat dans des circonstances critiques; ils ajoûteroient alors à la gloire d'avoir empêché sa défection, celle de contribuer à lui rendre son antique splendeur.

Une subvention volontaire, l'établissement d'une loterie, ou tel autre moyen que ce soit au choix du Ministre, peut fournir les secours réels que l'Agriculture réclame. Il suffit d'exalter la sensibilité nationale & de la diriger à des besoins utiles. Pour un objet bien moins important & dans des temps de détresse, j'ai vu cette Nation concourir avec transport au rétablissement de la Marine; j'ai vu le Prince se priver de ce qui fait le nécessaire des Rois; j'ai vu ce sexe enchanteur faire pour cet objet les facrifices les plus chers. Le Tiers-Etat d'une Province ayant été omis dans la lifte de la fubvention relative au rétabliffement, réclama par la voix d'un de fes repréfentans contre l'exclufion & fut admis à contribuer.

L'Auteur de cet Ecrit croit avoir plaidé la caufe du Peuple, il ofe penfer que cette caufe n'a jamais été ni bien connue ni bien préfentée. Si les vues qu'il expofe, fi les moyens qu'il fournit réçoivent quelque accueil de l'adminiftration & du Public, il bénira fa deftinée.

Mais dans quel temps ofe-t-il faire entendre les cris du peuple? quels moyens de fubvenir à fes befoins? l'Auteur ne s'eft pas diffimulé les circonftances contraires. Mais voyons dans quelle fituation du royaume M. de Sully diminua l'impôt des terres.

Il eft certain que l'embarras d'Henri IV ne fut jamais fi grand, que lorfqu'à force de victoire & de fageffe, il eut conquis fes Etats. Pendant la durée des diffentions civiles, le zèle de la Nobleſſe & des Provinces qui avoient ſuivi la bonne cauſe, dût doubler les reſſources & même en tenir lieu; après la conquête ces reſſources dûrent tarir; il falloit récompenſer les ſervices reçus. Mais un Etat chancelant, & par les maux qui venoient de finir & par ceux des regnes qui avoient précédé, preſcrivoient d'autres ſoins & vouloient une autre politique; & en effet, ſe projet d'une cour brillante & ſomptueuſe, des largeſſes, des diſtinctions en tout genre ne pouvoient ſe concilier avec la criſe. Tous les reſſorts de l'Etat relâchés; les grandes reſſources épuiſées; une Agriculture expirante & aux abois; les revenus publics engagés à des dettes énormes; un déſordre & une confuſion extrême dans la dépenſe publique; tout forçoit M. de Sully à créer un plan aſſorti aux circonſtances, mais un plan qui eût pour baſe une économie rigoureuſe : tout le forçoit à être ſourd aux prétentions particulieres pour ne s'occuper que du bien public, il dût choquer certains intérêts pour assurer tous les intérêts. Une politique timide, foible & trop circonspecte, eût nécessairement compromis la fortune de l'Etat. Tout étoit perdu enfin, si M. de Sully n'inspiroit à son Maître cette parcimonie austere qui, mieux que cette foiblesse qui ne sçait rien refuser à l'importunité & à l'adulation, & que des siecles corrompus ont qualifiée de bonté, fait le caractere des grands Rois. M. de Sully vit qu'il ne pouvoit sauver l'Etat qu'à ce prix, & fixer la prospérité d'un regne qui, pour toute gloire, n'avoit dans son aurore que des malheurs à réparer. Le premier pas de M. de Sully dans cette crise inconcevable fut de diminuer l'impôt des terres, convaincu que le rétablissement de l'Agriculture remplaceroit toutes les autres ressources, & que rien ne pouvoit dédommager de sa perte.

APPROBATION.

J'AI lu par ordre de Monſeigneur le Garde-des-Sceaux, un Manuſcrit ayant pour titre : *le Cri de l'Agriculture*. L'Auteur deſirant ſoumettre ſon ouvrage à la diſcuſſion publique, j'ai cru qu'on pouvoit en permettre l'impreſſion. Paris, 10 Février 1775.

CADET DE SAINEVILLE.

PRIVILEGE DU ROI.

LOUIS, par la grace de Dieu, Roi de France & de Navarre : A nos amés & féaux Conſeillers les Gens tenans nos Cours de Parlement, Maîtres des Requêtes ordinaires de notre Hôtel, Conſeils Supérieurs, Prevôt de Paris, Baillifs, Sénéchaux, leurs Lieutenans Civils, & autres nos Juſticiers qu'il appartiendra ; SALUT. Notre amé le Sieur SIMON, Imprimeur, Nous a fait expoſer qu'il deſireroit faire imprimer & donner au Public un Ouvrage intitulé : *le Cri de l'Agriculture, par M.....*, s'il Nous plaiſoit lui accorder nos Lettres de Permiſſion pour ce néceſſaires. A CES CAUSES, voulant favorablement traiter l'Expoſant, Nous lui avons permis & permettons, par ces Préſentes, de faire imprimer ledit Ouvrage autant de fois que bon lui semblera, & de le faire vendre & débiter par-tout notre Royaume, pendant le tems de trois années consécutives, à compter du jour de la date des Présentes. Faisons défenses à tous Imprimeurs, Libraires & autres personnes, de quelque qualité & condition qu'elles soient, d'en introduire d'impression étrangere dans aucun lieu de notre obéissance; à la charge que ces Présentes seront enregistrées tout au long sur le Registre de la Communauté des Imprimeurs & Libraires de Paris, dans trois mois de la date d'icelles; que l'impression dudit Ouvrage sera faite dans notre Royaume & non ailleurs, en bon papier & beaux caractères; que l'Impétrant se conformera en tout aux Réglemens de la Librairie, & notamment à celui du 10 Avril 1725, à peine de déchéance de la présente Permission; qu'avant de l'exposer en vente, le Manuscrit qui aura servi de copie à l'impression dudit Ouvrage, sera remis dans le même état où l'Approbation y aura été donnée, ès mains de notre très-cher & féal Chevalier Garde des Sceaux de France, le Sieur Hue de Miromenil, qu'il en sera ensuite remis deux Exemplaires dans notre Bibliothéque publique, un dans celle de notre Château du Louvre, un dans celle de notre très-cher & féal Chevalier Chancelier de France le sieur de Maupeou, & un dans celle dudit Sieur Hue de Miromenil, le tout à peine de nullité des Présentes; du contenu desquelles vous mandons & enjoignons de faire jouir ledit Exposant & ses ayans cause, pleinement & paisiblement, sans souffrir qu'il leur soit fait aucun trouble ou empêchement. Voulons qu'à la copie des Présentes, qui sera imprimée tout au long au commencement ou à la fin dudit Ouvrage, foi soit ajoutée comme à l'original. Commandons au premier notre Huissier ou Sergent sur ce requis, de faire pour l'exécution d'icelles tous actes requis & nécessaires, sans demander autre permission, & nonobstant clameur de haro, Charte Normande & Lettres à ce contraire : CAR tel est notre plaisir. DONNÉ à Paris le vingt-deuxieme jour du mois de Mars, l'an de grace mil sept cent soixante-quinze, & de notre regne le premier. Par le Roi en son Conseil. *Signé* LEBEGUE.

Registré sur le Registre XIX de la Chambre Royale & Syndicale des Libraires & Imprimeurs de Paris, n°. 170, fol. 283, conformément au Réglement de 1723. A Paris ce 24 Mars 1775. LOTTIN jeune, Adjoint.

De l'Imprimerie de P. G. SIMON, Imprimeur du Parlement, *rue Mignon S. André-des-Arcs.*

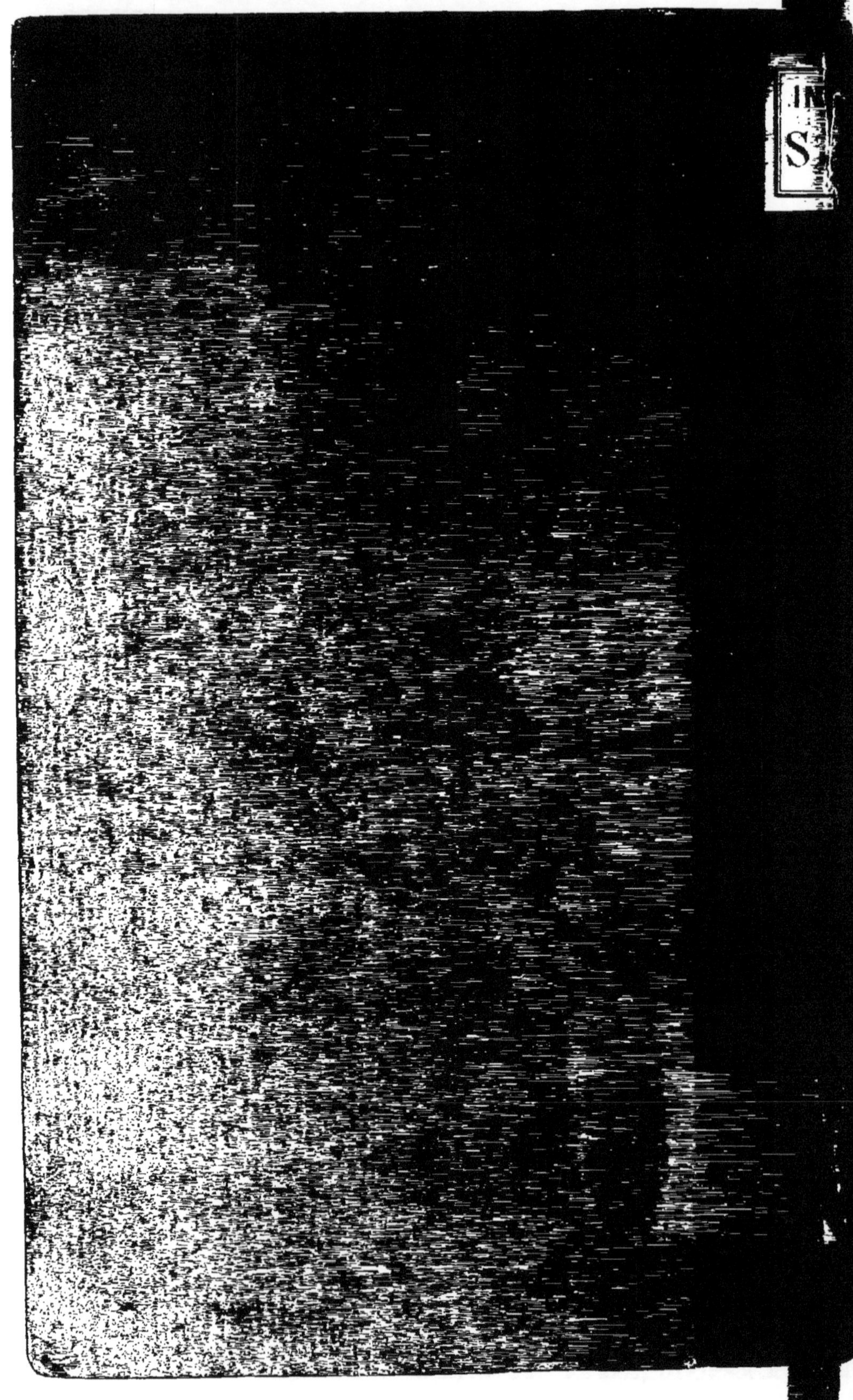

www.ingramcontent.com/pod-product-compliance
Ingram Content Group UK Ltd.
Pitfield, Milton Keynes, MK11 3LW, UK
UKHW012228240726
13966UKWH00003B/1000

9 782011 929358